重塑经典

历史建筑保护的实践案例与文化记忆

◎ 侯建设 著

文匯出版社

序

优秀近代历史建筑这个概念，从20世纪90年代开始，上海就进行了立法保护，并引领了国内历史建筑保护立法、管理、技术等方面的发展。在此期间，我作为一名建工集团建筑装饰工程技术人员，有幸参与了上海外滩等一系列历史建筑的保护工作，也因此留下了大量文字、图片和图纸等珍贵资料。有些于保护过程中及时整理出的文章在企业内刊中呈现，有些形成了论文在相关杂志上正式发表，更多的仅仅停留在技术方案的层面上，还有十几万张历史建筑保护修复前、中、后及核查的历史资料图片，直到目前依然深藏闺中无人知。总之，这些文字和图片对我来说，是一种机缘，一份情结，如今又成为情怀与追求，已与自己的生命息息相关，令人魂牵梦绕。

记得第一次参与历史建筑修缮工作，是2002年非典期间的豫园小世界项目。这个项目让我对历史建筑产生了浓厚的兴趣，此后又相继参与完成上海社科院、外滩18号、外滩2号、外滩和平饭店、外滩汇中饭店、外滩23号、基督教青年会宾馆、复旦子彬院、江南造船厂建筑遗址、河南路桥等一系列历史建筑保护工作，从技术方案、修复施工、历史考证到项目管理，都获得了历史建筑保护的第一手资料，形成和积累了保护修复理念及技术手段。2005年，我还获得去欧洲参观学习的机会。在那里，我充分认识到了我们所谓的修缮，还仅仅停留在旧房老屋的层面，而历史建筑保护需要对历史建筑进行系统而细致的研究，需要正确的保护理念及科学的保护技术，包括一大批实际操作的能工巧匠。

本书的出版，其实可以提前至2010年。当时东南大学的魏晓萍老师从我发表的文章中知道了我,希望我可以将几篇论文扩写成一本关于近代历史建筑保护的书。魏老师甚至为我准备好了出版合同,且条件相当优厚。我后来之所以没履约,实在是觉得自己才疏学浅,写一篇论文已经够累了,况且是一本书的容量,其难度可想而知。后来,我有幸进入现代设计集团历史建筑保护设计研究院工作。在此期间,我从保护工程修复实施,走向了保护修复设计领域;后又进入上海康业建筑装饰工程有限公司,成为这家知名民营企业的总工程师。

过去的十多年间,在历史建筑的保护再利用理念、技术工艺、材料应用、历史建筑保护再利用后的空间利用,以及如何保证"传承原貌历史、拓展现代功能"等方面,不仅绘制了历史建筑保护技术路线图,而且还提出了历史建筑保护采用"中西医相结合"保护方法及技术手段;中医讲究"望、问、辨、考",西医讲究"研、验、析、刀",包括适合历史建筑保护项目管理的方式。记得在和平饭店保护修复中,为了完成专家将历史风貌恢复至本建筑最辉煌的"华懋饭店"时期,我采用了考古勘察的方式,对封闭了半个世纪的八角亭顶部进行墙面和花饰表面切片剥离装饰层分析,最终得到了华懋饭店时期的风格样式色彩肌理,从而推翻了国外设计师设计的方案,避免了和平饭店改造一次历史信息流失一次的悲剧,被常青院士赞誉为"剥皮专家"。我们还在和平饭店唯一的中式风格空间"龙凤厅",通过一次又一次的实验,完成了专家要求的"旧色"效果,也体会到了修复龙凤图时"画龙点睛"的奥妙所在。

中华文化源远流长,而传统文化的精髓并未随着改革开放后的物质增长而同步增加;相反,在日趋现代化的今天,我们出于各种原因,有意或无意地毁坏了许多历史文化遗产。一类比较典型的事例就是,随着城市的飞速发展,往昔的历史建筑陆续遭到了致命的损毁,而即使出于这样或那样的原因,需要对一些历史建筑进行保护,也几乎毁于无知者手中——一些小企业打着“修旧如旧”的旗号,行的却是“修旧变新”,甚至“拆旧建新”的勾当。究其原因,除了他们利欲熏心之外,还在于对历史文化遗产的重要性认识不足和企业的技术力量不强所致。譬如专业技术人员有思路而不会动手,具体操作的外来务工人员会动手却缺乏思路和技术,甚至有些精美的金属件被不良员工扭断偷走,当作废铜烂铁低价倒卖,造成了保护建筑工程施工的开始,就是其被野蛮破坏的开始。当然,另一方面也说明了我们还没有准备好保护这些历史文化遗产,整个社会的配套能力不够。难怪有专家学者如阮仪三教授会大声疾呼,对历史建筑保护要“去伪存真”,而非“去真建伪”。原国家文物局局长、故宫博物院院长单霁翔也在政协会议上呼吁,对类似故宫博物院的文物建筑的保护,再也不能采用政府采购、低价中标的一般工程方式来进行。

为顺应时代的需求,也为历史建筑保护多做些事情,我于2009年率先在国内注册成立了上海爱堡历史建筑保护技术咨询有限公司,并担任王安石先生创办的中国历史建筑保护网技术总监。王安石先生在任上海市房管局历史建筑保护修缮处处长期间,为上海近代历史建筑保护做了很大的推动;退休之后,他又以一己之力,创办了中国历史建筑保护网,为上海地区历史建筑保护提供了许多宝贵的资料。王安石先生既是引导我走向历史建筑保护这个行业的领导,也是我的师傅。2015年,我还创办了宝葫历史建筑科技(上海)有限公司,提出了“传承中华文明、保护建筑遗产”的企业宗旨,为历史建筑保护引入科学理念,建立技术体系;同时,王安石先生将“中国历史建筑保护网”传承给了宝葫公司,使宝葫科技公司形成了互联网科技生态平台。依托这个平台,公司逐步在历史建筑专用材料的开发、能工巧匠的培育、历史建筑劣化鉴定、远程预警监控、三维激光扫描、可视化计算机推演、项目策划管理、保护规划设计等方面,建立了综合系统的专业化技术服务体系,从而为历史建筑保护做出我们的积极探索和有益贡献。

这本书的绝大部分内容都是十年之前的旧作,内容繁杂,有关于历史建筑保护的专业技术论文,也有装饰装修的心得;有对历史痕迹的追寻游记,也有对历史建筑保护的一些思考及保护案例。很幸运,我有乔延军这样的良师益友,十多年来他一直鼓励我撰写这方面的论文,为最终形成本书进行前期积累;而此次还是由于他的牵线,本书又得到了文汇出版社副总编辑张衍的认可,使我在这条专业的道路上有了新的突破。

由于书中的大部分文字都是旧作,现在看来既非严格意义上的论文,也不像通俗易懂的一般读物;它们只是汇集了作者对中国近代历史建筑保护的一点个人见解,希望能引起广大读者对历史建筑保护的一点认知和兴趣。最后我要真诚感谢所有在这条道路上关心我的领导和朋友,还有一直默默支持我的家人们。我相信我能走得更踏实,更有意义,因为这是时代赋予我们的使命,我们责无旁贷!

前　言

建筑作为一种艺术,其历史文化的无形资产不仅是在建造时或维护时所耗费的人力与物力,重要的还在于其历经长久的历史洗礼而形成的文化价值。作为文化精神的载体,历史保护建筑的文化内涵与历史痕迹是仿古建筑所不可代替的。然而,那些残存的历史建筑就像饱经风霜的老人,亟待人们给予它们更多的关注与关爱;亟待这种关注与关爱能够形成一种保护的意识;亟待这种保护意识能够形成一种民族的自觉。

透过老建筑斑驳的砖墙,其内在的无形文化魅力和历史传承的责任感,值得每一个具有工匠精神的建筑工作者放慢脚步,重拾进而传承历史文化。历史保护建筑作为通往这种传承的桥梁和捷径,需要全民参与,共同保护,以期恢复历史建筑固有的原真性和历史价值。相信在实现中华民族伟大文化复兴的道路上,建筑遗产所占据的重要位置将会被越来越多的人注意和铭记。当然这种保护绝对不能是盲目的,而是建立在科学性和精雕细琢的工匠精神上的一种积极保护,因为任何的疏忽和怠慢都会给悠久的历史文化沉淀带来不可逆转的改变和破坏。本书将借作者本人参与和主导的一些近现代历史建筑保护的技术论文、游记、调查报告等,来总结和归纳近现代历史建筑保护方面的技术选择和保护方案。

天籁之音是生命中最动人的音符与自然中最纯朴的律动,她可以让心灵无限地贴近自然。历史建筑作为一种文化遗产,可以复原生命最初的纯真与简单,可以勾起我们对往事的思念之情,使魂牵梦绕变得亦真亦幻、至情至性,并使这种体悟能够永远保存……

目 录

历史追寻

管　理

修缮装饰

第一篇　保护修复

近代历史保护建筑的修缮理念与工艺应用

建筑作为一种艺术，其历史文化的无形资产不仅体现在建造时或维护时所耗费的人力与物力，重要的还在于其历经长久的历史洗礼而形成的文化价值。对这些建筑文化遗产的保护与利用，实质就是对建筑生命内容的延续与转换。在现代城市建设和社会发展中，怎样使历史建筑的保护和利用与它的社会生命质量和存在意义紧密关联，这是当今城市历史发展与保护的重要课题。

对历史建筑文化遗产的保护、文脉的延续，不仅仅存在于文人墨客的专著、专家学者的呼吁、法律规范的界定、市场经济的商机之中，也是建筑工作者的历史责任和提升自身文化素养的良机。

一、历史保护建筑的环境

上海作为一个有着丰富历史积淀和深厚文化底蕴的城市，经过几百年文化传承和中西文化融合，形成了独特而又富有创新精神的海派文化，并且更多地体现在被誉为“万国建筑博览会”之称的近代历史建筑上。随着上海新一轮城市建设的兴起，已经被视为建筑遗产的保护建筑，则越来越受到各方有识之士的关注。

最近，上海市政府已将总面积达27平方公里的建筑区域，划分为12个历史文化风貌街区，其中各个历史时期、各个国家、各种有代表性的建筑风格，几乎都可以在上海的近代建筑中找到；从古埃及、古希腊和古罗马的建筑样式、拜占庭式、俄罗斯东正教式、哥特式、文艺复兴式、巴洛克式、古典主义和新古典主义式，到现代建筑各个流派、中国传统的宫殿式建筑和民间传统建筑等，可谓包罗万象，海纳百川。

上海的近代建筑最具特色的主要有以下几类：公共建筑、教堂建筑、高层公寓、花园洋房、里弄住宅和产业建筑。而上海现存早期文物建筑有唐代的陀罗尼经幢和泖塔、宋代的兴圣教寺塔、元代的清真寺和佛教寺院、明代老城厢内的豫园等。

在此时间跨度内的历史建筑，将以法律的形式来保障建筑生命的延续。这说明历史建筑的保护，已从文物观赏性向开发利用性转变，这对于历史建筑生存环境的改善，意义非常重大。

历史建筑保护的目的是什么？是遵循一个根植于过去、立足于当代、放眼于未来的城市发展规律。根植于过去就是尊重历史文脉，立足于当代就是在城市建设中的开发与利用，放眼于未来则是对历史文脉的延续。这里尤为重要的是立足当代，使那些曾在社会生活中最具活力的建筑遗产，重新融入城市建设与社会发展的进程中。对历史建筑的修缮怎样展现代功能、承原貌旧史，达到修旧如旧、饰新融旧的效果，这是对保护性建筑改造修缮过程中值得探讨的问题。

建工装饰从近几年对市场的关注与研究，以及保护建筑修缮工程的实施，已经形成了自己在历史建筑保护修缮方面的理论体系。我们通过近年来所参与的历史建筑修缮项目，从历史建筑文化价值的挖掘，或将传统工艺、国外技术在保护建筑修复施工之中的应用，特别是施工技术人员文化艺术修养的培养等，都使我们自身得到了长足的进步与提高。

※ 修缮后的西童女校

二、历史 保护建筑修缮原则

在历史建筑的保护修缮过程中，我们要把握的不仅是修缮保护技艺水平的高度，更要理解保护建筑历史价值的延续和体现的要义。要将建筑保护、法律条款与旧建筑改造修缮市场商机结合起来，使旧建筑功能改善、商业策划保护手段、复现建筑历史续写及修缮技术改进并举。

1. 法律法规的遵循

根据法律法规的解读，来定义历史建筑保护的范围和保护方式，在目前无疑是非常明确而又规范的途径。从国际宪章、国内法律到地方条例，其所规范的历史建筑保护范畴，正随时代的延续而逐渐宽泛，从单幢建筑到建筑的周边环境，直到今天整个街区风貌的保护。我们在对法律条款与市场商机有很好的理解力和敏感度之后会发现，我们不仅要保护政府列属保护名录内的老建筑，还要积极保护那些在名录之外的、富含历史年鉴意义、在当时社会产生过积极影响和有历史文化价值的老建筑。如 2002 年我们承建的豫园“小世界”项目。该建筑的地理位置及极具巴洛克建筑立面风格的特征，很可能就是一幢具有人文特色的历史建筑。我们通过调查大量的史料记载，得知该建筑是由当时的名人张逸搓、沈鋆卿投资兴建于 1916 年的综合性游艺场，初名为“劝业场”，曾是黄金荣的产业。在此期间，作为一度可以与当时的大世界媲美的娱乐场，曾出过一批知名的艺人，如丁是娥、汪秀英、杨飞飞、筱爱琴、朱介林、朱介生等，因而具有独特的历史文化价值。在正式投标过程中，我们以保护建筑修缮方案及对建筑历史价值的商业策划，配合了业主对整个建筑改造修缮的开发定位。虽然该建筑暂未列入保护名录，但施工时我们依据三类建筑保护规定内容，即“外立面恢复原貌、内部进行结构加固和功能性改造”的标准配合设计进行了合理、有效的改造，促进了业主的投资兴趣，提高了修缮建筑的利用价值，其结果是取得了很好的商业策划与市场经济的绩效。2000 年，按照三类保护建筑标准修缮的“西童女校”建筑，该建筑建于 1893 年，现为上海市安装公司办公楼，已被列入第四批近代优秀保护建筑名录之内。这是对很多暂未列入优秀保护建筑范畴的历史建筑，如何在修缮施工中注重它的历史文化价值和参照相关法规条例进行修缮，是目前旧

※ 豫园“小世界”

房改造时的一种自觉意识的保护行为，体现了施工企业和业主对上海历史的尊重，有极好的示范作用。

2. 结构体系的安全

由于历史建筑的保护修缮，需要遵循“开发利用、展现代功能、承原貌旧史”的原则，所以其内部空间的平面布局必须在尊重法规、设计要求的情况下，进行不同程度的改变，建筑肌体也要采取不同程度的拆除与加固。历史建筑经历岁月沧桑，大多在过去多次修缮后，已饱受了伤筋动骨之苦，呈体无完肤之状，其结构受力体系甚至已完全混杂错乱。此时，维护结构的坚固性，合乎现有抗震、消防等强制性规范的要求，是修缮的首要工作。如豫园小世界项目，就是由不同历史时期改造所遗留下来的结构，大体呈砖木、砖混、框架、钢结构等极其混杂的受力体系。

历史建筑修缮的安全性要遵循以下几个要点：

（1）结构的安全性鉴定。对于法定机构鉴定的结构，各项有效数据结果是指导建筑局部拆除、加固施工方案的首要依据及重要安全保障。

（2）设计的合理性。弱化逻辑思维的设计方案，注重装饰效果而无视结构的实际承载力，必然会导致方案缺少存在的合理性与可行性，使结构安全性受到危害和埋下隐患。在现行施工规范及技术工艺的指导下，首先满足现有建筑对结构安全性能规定的前提下，尽量保证装饰设计需要的空间布置和装饰效果。

（3）结构受力组合的体系。结构受力的体系有三种，即完全利用原有承载力进行加固；在原结构加固的基础上，由新老结构共同承担承载力；完全脱离原结构，由新结构承载。

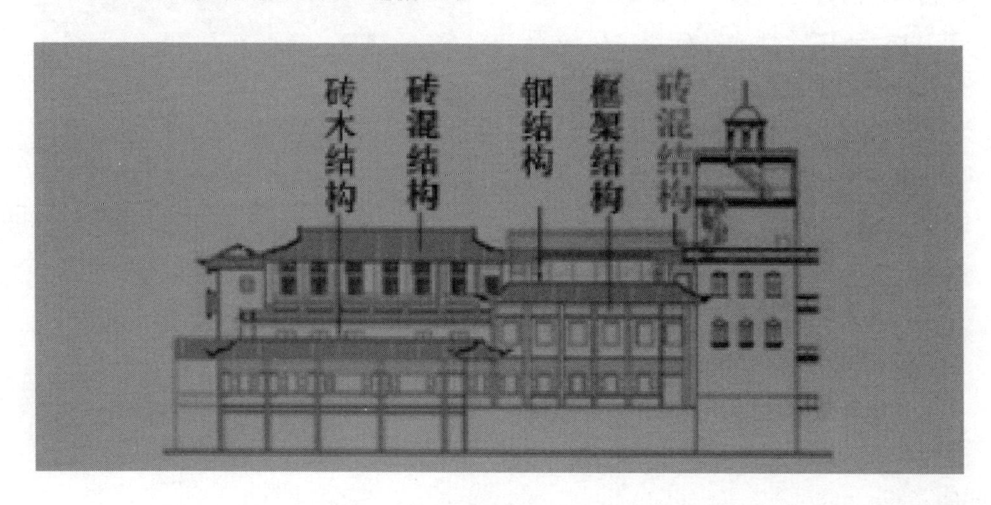

（1）钢结构加固：外包钢加固法、粘钢加固法、套箍加固法。外包钢加固法指的是在混凝土柱四周包以型钢进行加固；粘钢加固法是将钢板用粘接剂粘结于混凝土构件的表面以达到加固目的；套箍加固法指的是凿掉原柱角边，在被加固柱的四周直接套钢筋套箍的方法，并且使用电焊连接，外抹水泥砂浆保护。

（2）混凝土加固：增大截面加固法、植筋锚固加固法。增大截面加固法是指增加配筋或者增大混凝土结构的截面面积，使得构件承载力提高并满足正常使用；植筋锚固加固法是对砼结构较简捷、有效的连接与锚固的技术。

（3）碳纤维加固：受拉受剪增强法。受拉受剪增强法指的是用微量的树脂浸渗高强度碳素纤维后作为混凝土的修复补强材料，增大混凝土结构的抗裂或抗剪能力，提高结构的强度、刚度、抗裂性和延伸性。

（4）喷射砼加固：喷射混凝土加固法、喷射环氧砂浆加固法。喷射混凝土加固法是指利用压缩空气，将配好的混凝土拌和料通过管道输送并高速喷射到受喷面上，经凝结硬化后形成混凝土支护层。

（5）预应力加固：局部预应力后张法。局部预应力后张法是指先浇筑水泥混凝土，待强度达到设计的75%以上后再张拉预应力钢材以形成预应力混凝土构件的施工方法。

（6）抗震加固：抗震摩擦阻尼器加固法、加设抗震柱和剪力墙加固法。抗震摩擦阻尼器加固法是指使用摩擦阻尼器进行减震以有效避免对建筑物结构本身的破坏。

（7）化学加固指的是在地基土中注射某些化学溶液，反应生成胶凝物质或使土颗粒表面活化，在接触处胶结固化，使土颗粒间的联结增强，从而提高土体的力学强度。主要方法有乙基硅酸盐固结法加固、石料散屑、化学灌浆加固法。

3. 拆除工程新型施工机具的应用

历史建筑的保护与利用，由于在需要功能上进行改变和内部空间的重新组合，其原有结构局部拆除工作不可避免；特别是旧建筑改造拆除时，如何选用合适的先进机具，以智能化、人性化、环保化的要求进行改进拆除作业方式，是当今施工发展的必然趋势。目前在某些工种中采用的锤敲斧凿、风镐电锤等作业方式，将对修缮建筑物产生严重危害。为保证历史建筑修缮工程达到安全、快捷、环保而采用新型的专用机具，能起到事半功倍的良好效果。

几种较先进合理的建筑局部拆除方式：

（1）连续钻孔切割机。采用连续钻孔的方法，切割较厚的板材构件，适用于受到空间限制的墙地面拆除作业环境。

（2）碟式切割机。根据不同厚度调整碟片切割方式，适用于大体量墙、板、梁等构件整块的切割作业和作业环境相对宽松的施工。

（3）金刚链切割机。国际较为先进的建筑拆除机具，任意形状的切割，较少受构件位置、受力状态的影响。适用于墙、板、梁、柱等不规则形状的切割作业。

（4）大力钳。采用液压动力装置，拆除最大厚度400毫米墙、板、楼梯等连续构件破碎方式的作业。

这些机具大多具有运行平稳、切面光滑、不损坏保留体、可控精度高、作业面小、噪音低等特点。

4. 修缮方式的解读

在历史保护建筑修缮中，对修缮方式的理解，有助于我们了解设计师的设计意图和设计手法，有助于将施工组织得更科学，有助于了解哪些构件应该保存、哪些应该保护、哪些应该拆除、采用什么样的方法。首先对史料记载的掌握，历史价值的挖掘，对建筑历史各个发展阶段进行合理正确的分析研究，才能确定保护修缮的合理方案。如对于历史建筑遗留下的各个时期修补、加固后，随着建筑历史进程的演变而成为建筑肌体上富有生命的印记，成为历史建筑文化遗产有机的组成部分，对此部分的保护则可以显现和丰富建筑历史层面。

（1）格式修复。就是修旧如故，是专注于对建筑风格的完善，将建筑肌体完全修复到原建时状态。一般对建筑肌体中非永久性建材，采用现代材料加工成原构件形状、尺寸，利用现代工艺将其表面处理成旧肌理的模式。这种修缮方式需要抹杀在各个历史时期改造时所遗留下的印迹，以及再造肌理与原物无视觉差异而较易造成戏说历史的局面。如我们在2002年修缮的外滩十四号楼，这幢于1948年10月建成的原交通银行大楼，是现今外滩所有近代建筑中最晚建成的建筑，现为上海市总工会办公楼。其修缮一新的立面失去了些许“古色古香”的韵味。

（2）原真式修复。就是修旧如旧，着重于对历史文献的尊重。在对旧的进行修补或添加时必须展现增补措施的明确可知性与增补物的时代现代性，以展现旧肌体的史料原真性，进而保护其史料的文化价值。对于如斩假石之类的半永久性装饰粉刷及砖石竹木之类的永久性材料采取的做法，其原则是将朽坏糟烂、有害生物、污染痕迹进行剔除、清洗后采用与之相近和相同的旧材料修补残缺与破损部位，使修复达到“缺失部分的修补必须达到与整体保持和谐”的效果。如2004年修复的外滩十八号修缮。

※ 豫园“小世界”外立面修复前后对比

※ 外滩 14 号修复前后的对比

5. 修缮技术的应用

历史建筑保护良好的修复效果脱离了技术和材料的应用是不现实的。一部建筑历史的发展可称其为建筑技术和材料的发展史。技术创新、工艺改进是建筑装饰施工企业发展永恒的主题，而经济、美观、适用、可行对新技术、新材料提出更高的要求，专业人员、专业技术、专业研究是历史保护建筑修缮的必要保证。

修复工艺首先确立肌理材质分布在建筑物表面的位置、造型、尺寸及加工工艺方法特征，整理成文、拍照留档，而后分析原建筑肌体材料性能，分析材料的物理性能及形成原理，进而分析肌体污染侵蚀原因及劣化的程度。原旧肌理存在的污垢污渍，根据材质及劣化程度的不同，可分别采用不同的清洗方式。

（1）喷砂清洗。采用清洗器喷水来清除石材或沉积物的污染。

（2）微酸碱液清洗。利用15%的碳化氨浓缩液清除不同污垢的污染及磷酸铵＋磷酸清理局部的锈斑。

（3）溶剂清洗。采用丙酮、硝基或除漆剂等溶剂清洗不同材质上的污点残迹。

（4）干冰清洗：采用微颗粒干冰通过气压喷射至处理物，利用干冰低温膨胀及气压的作用清除污垢。

（5）对永久半永久肌体材料的修复。

1）填补修复。对石料肌体破损及裂

※ 外滩14号室内楼梯修复前后的对比

※ 豫园“小世界”外墙花饰修复前后对比

缝处的修补，以及肌体表面凹凸纹理的缺损修补和安装件拆卸后表面产生的缺口，采用灌注胶结材料环氧树脂添加颜料修复。

2）替换修复。对于原肌理在各个历史时期不规则或不和谐的修补的替换。

3）缺失修复。对于大面积肌体损坏后缺失部分的复制修复，以原有缺损销钉锚固或按照同质材料加相应颜料修复。

6. 现代工业设备符号与历史风貌有机地结合

将建筑遗产再次融入充满生机与活力的经济文化中去，不仅是以地标形式来维持城市历史意象的连续性，更重要的是使它进入人们日常的生活中，供人们使用。现代功能符号很强的灯光照明系统、通风空调系统、消防报警系统、网络通讯系统等设施的安装，包括内部消防栓的配置、空调外机的室外挂装，对于历史保护建筑表现古典美的形式，常常是格格不入。要达到展现代功能、承原貌旧史、修旧

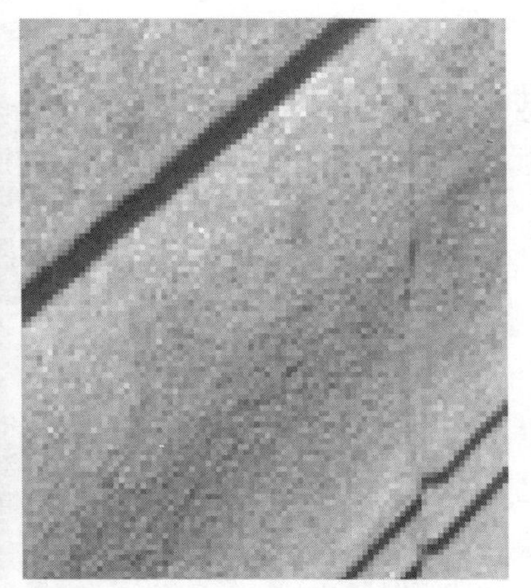

※ 喷砂清洗后的前后对比

※ 化学清洗后的前后对比

如旧、饰新融旧的效果，就要协调现代功能与历史传统的融合。

如历史建筑——上海社会科学院办公大楼的修缮。该建筑始建于1928年，是一幢三层楼的欧式建筑；初属教会震旦女子文理学校，解放后一度为上海市党校所在地，1978年又改为上海社会科学院大楼。该建筑原为三段泰山式大楼，后在20世纪80年代按照原有风格样式，加建了四、五两个楼层。在其外立面修缮中，注重采纳突出现代装饰符号很强的空调外机、管线合理规避的施工方案，即所有外机垂直、平面合理迁移，在三段式立面的两道檐口上，按照原有风格增设了两道欧式宝瓶形护栏，既巧妙地规避了所有的空调外机，在尊重原建筑风格的情况下丰富了立面装饰的效果，又完美消除了现代工业符号的视觉污染，解决了现代功能和原貌旧史无法和谐统一的难题。

三、优秀历史保护建筑修缮展望

首先，历史保护建筑的市场环境由于人们对建筑遗产保护意识的提高而提高，随着市场开发利用的前景扩大，保护建筑的内涵与外延都将得到更好的拓展。人们对建筑作为文化遗产认识的更加深入，保护建筑的范畴已经不是人们概念上的地标性、文物性，而是着眼于老建筑的历史文化价值的不可再生性、独特性和开发利用性。由于历史保护建筑市场的快速、持续的拓展，建筑装修市场新一轮的洗牌将会逐渐形成，对于建筑装饰企业来说，这既是商机，也是挑战。

随着我国加入 WTO，国外同行利用发达国家在 20 世纪所形成的成熟保护建筑修缮技术及管理，以及对大量近代建筑风格设计、结构受力体系、构造工艺技术、质量服务品牌等原始基础方面的把握，将会迅速占领保护建筑修缮市场的制高点。

※ 上海市社科院办公楼修复前后的对比

国内近代保护建筑通过置换的形式，被国内外大财团所收购，开发利用的品位相当高，投资数额也较大，要求的设计效果及施工质量也相应提高。在这一过程中，境外设计方案往往是他们的首选，而国内建筑装饰企业不仅缺乏竞争优势，更缺乏意识形态上的沟通能力，即使侥幸获得施工承建也难以达到相应要求。长此以往，将会形成只能介入或徘徊在保护建筑修缮的二级市场和受制于人的被动参与局面。

机遇来源于企业对市场供需的敏感度，对竞争法则的掌握度，对自身管理、技术质量的升华，以及对自我的超越。提高就意味着需要打破旧的传统和旧的思维方式，打破施工企业只能形而下的被动操作习惯，增强形而上的理性思维及其主动工作理念，使施工管理人员不仅能看图纸、懂结构、知线条、会节点，拥有材料力学与物理性能等方面扎实的理工基础；还要懂色彩光谱，识空间形态，知风格流派，理解设计的手法和意图，可表达书写设计的意境和美感，掌握必要的文学艺术、美学、历史等知识；更要了解相关法规和市场经济规律，如此方能把握好质量成本最佳点、绩效卓越的新起点，使我们装饰企业的施工管理、工艺技术逐步走入更高层次的规范化、法制化、信息化、科技化、人文化、艺术化的轨道。

在工作中，历史建筑就像饱经风霜

的老人，亟待更多的人给予其更多的关注与关爱。修缮这些历史建筑，我们不仅要掌握保护技术，建立修缮标准，更重要的是我们的保护意识及人文素养在工作中得到了进步与提高。我们不仅将其视为一种重大的商机，更将其视为一种历史责任，让这些建筑文脉、文化遗产在我们这个时代得以更好地传承与延续。

历史建筑修复和修缮实践

——豫园小世界高级会所修缮探析

一、引言

历史建筑修复和修缮，已越来越引起各方面的关注。如何将这些历史建筑的载体——精巧、华丽自成体系的建筑——加以修缮，同时还以文化、经济和历史价值，使之延年耐久流传于世，这是需要加以总结和探讨的课题。历史建筑修缮与新建工程有本质的区别，相关的法律保护条文制约着施工的每一个程序，修缮和修缮施工中要遵循保护等级的规定，保证历史建筑的原状及历史痕迹，使其尽可能地长久保留和恢复，具有十分重要的现实意义。尤其是对一些历史名人所遗留但尚未列入保护等级的建筑，其修缮和修缮的施工方案体现保护概念，显得更为重要。

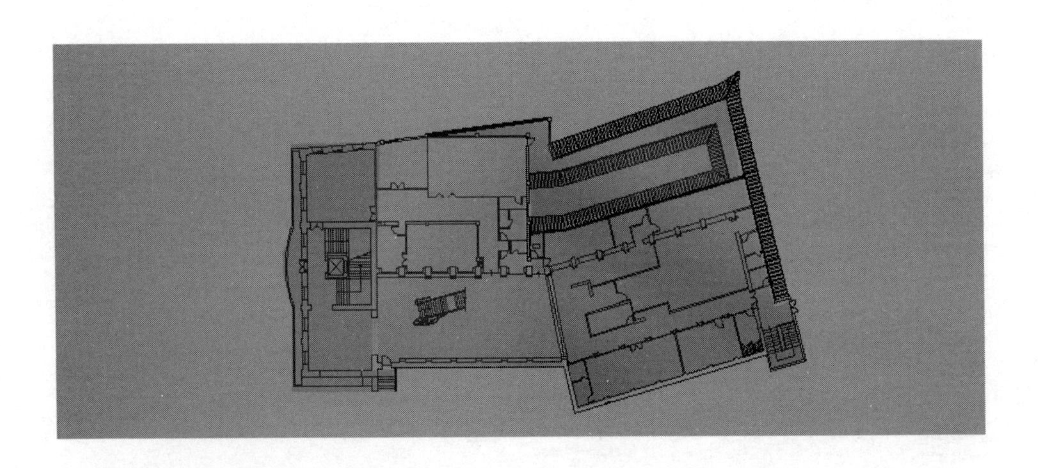

二、项目背景

豫园小世界位于黄浦区福佑路234号,始建于1921年(民国初年),初名为“劝业场”,不久劝业场毁于火灾,后经李姓商人出资重建三层具有巴洛克风格的西洋楼,定名为“小世界”娱乐场。在小世界演出的有昆曲、绍兴文戏、文明戏、杂耍魔术、歌舞、滩簧、说书和电影,同时也出现了一批知名的艺人,如丁是娥、汪秀英、杨飞飞、筱爱琴、朱介林、朱介生等。1931年,小世界被上海大亨黄金荣收购;1949年后期为百货供销占用。1993年,小世界得以加固修缮,增加了中跨一至四层的框架结构,在五层增设了简易房;1998年又改为集餐饮、娱乐、购物于一体的商厦;2000年因游戏机房发生火灾,三层以上停止使用;2002年10月,再由复兴集团出资将小世界修缮成一个以休闲、餐饮、会议为主体的非开放高级会所。

尽管小世界建筑未列入上海市近代保护建筑名录,通过投标过程中的调查,我们了解了该建筑的历史价值。因此,施工时我们按Ⅲ类保护建筑,即“外立面恢复原貌,内部可结构加固和功能性改造”的标准进行修复。修复研究中,我们详细查询了小世界自建造以来的各种变迁和建筑结构现状。由于几经风霜,该房的设计改造图纸与现状很难吻合;简而言之,该建筑经多次改变,其建筑饱受了伤筋动骨之难,结构受力体系完全混杂错乱。

三、工程概况

1. 结构状况调查

经现场实地勘察和近期房屋测量检测报告分析确认:

(1)该楼平面按体系分为三段:中段在1993年的改造中,成为五层框架结构,其左右两段为原始的混合结构,条形砖基础，埋深 1.25 米。

（2）10~20 寸（20~40 厚）承重砖墙。

（3）在混合结构范围方面，由于历史上的加层、拆除、改变，使受力窗间承重墙出现严重的 45° 斜裂缝。靠近正立面二层多处裂痕，最宽处达 5 厘米。

（4）墙体在后期不断改变的过程中，存在各种墙体整体松动、砖体分层可随意抽出的现象。

（5）各楼面、地面因沉降不均的原因，产生了 0.5%~2% 的倾斜，整个前跨楼面空间东向西高差（6 厘米左右）。

（6）外墙因大型广告荷载造成墙面开裂、分离、剥落。

（7）东立面前楼阳台悬挑梁砼严重碳化，钢筋锈胀。

2. 本次改造的结构变动

（1）底层拆除 1/B 轴至①～②间墙体（承重墙体）。

（2）三层设至四层钢梯，食堂运货梯及传菜梯（砼楼板新开洞口）。

（3）三层原楼梯拆除，并封闭原楼梯洞口（补强楼板）。

（4）四层 1/2~1/8 /~D3 设茶轩，增加大面积绿化（屋面位置）。

（5）四层⑨～⑩设共享空间（拆除砼楼板）。

（6）四层中餐房设露台和卫生间（防水处理）。

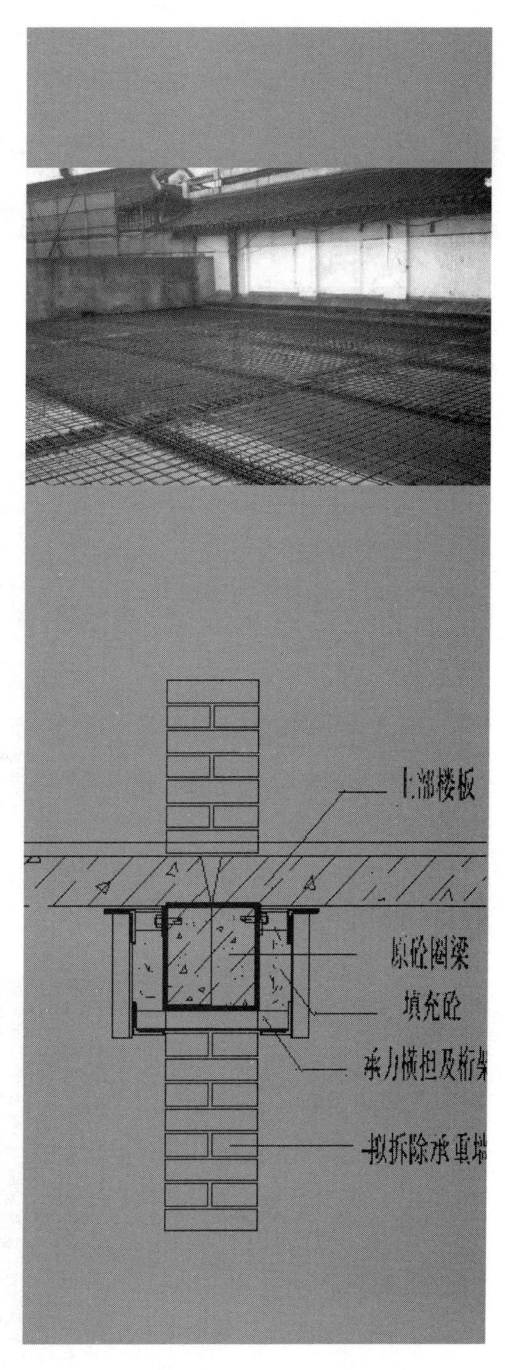

（7）五层塔梯区改为露天休闲区，拆除钟楼直行钢梯，改为旋转梯（荷载支点位置变动）。

（8）五层⑨～2改为厨房，并设传菜梯（楼面开洞）

3. 结构加固主要方法

（1）加固的施工顺序是先加固基础，再依次加固柱、梁、楼板、墙体等主要部位。

（2）加固前对楼面活荷载进行卸载，将变形的梁、柱、板用支撑调正，加固处理位置做必要的图像记录。

（3）四层 1/2~1/8 / ① ~D3 屋面采用了增大截面加固法，以保证茶轩和屋顶花园的荷载。

（4）增大截面主要采取对原屋面梁的上部钢筋箍环的加高和增加主筋的方法，使梁高跨比得到调正，同时将板面配筋增加，重新浇筑砼，进而达到承载的目的。从施工后的承载情况观察，

达到了预期的效果。

（5）采用了外包钢法加固传递上部荷载。外包钢加固是利用承重墙上部的圈梁，在四角用型钢加以整体连接包固，形成一个框架梁来承担上部荷载传递。此方法主要优点是保证了在梁截面不增加很大的情况下，大幅度提高构件承载能力，满足了吊顶净空高度的要求。作业程序必须先加固，达到上部荷载均衡转换传递，才能拆除承重砖墙。

（6）在四层 1/2~1/8 / 位设茶轩。此位置 1993 年修缮结构时，是框架体系，除上部梁板截面增大外，在其板底和梁底均采用了 U 型碳纤维布加固工艺。此碳纤维补强工艺和粘钢作用相近，施工作业比较简单，对构件抗剪、抗弯具有较大的作用，但无粘钢具有抗压的力学特征，施工作业要注重对粘贴面的打磨至砼坚硬层，去除油污和粉尘，要求不受纤维加固，粘贴平直，紧密均匀。

（7）对砖砌体的处理是本工程主要难点之一。由于南北两边跨的原混合结构墙体是采用黄泥砌筑，主墙体几经改变，原有的砖拱圈窗洞、门洞，有的被砌体封闭，有的被开洞搁置地板搁栅梁，而多数墙体砖体松动，随手可将砖头抽出，直至掏空墙体。在修复墙体过程中，我们采用了两种方法：一是对大面积墙体以环氧砂浆补强，借助压缩机喷枪，将调制的环氧砂浆喷

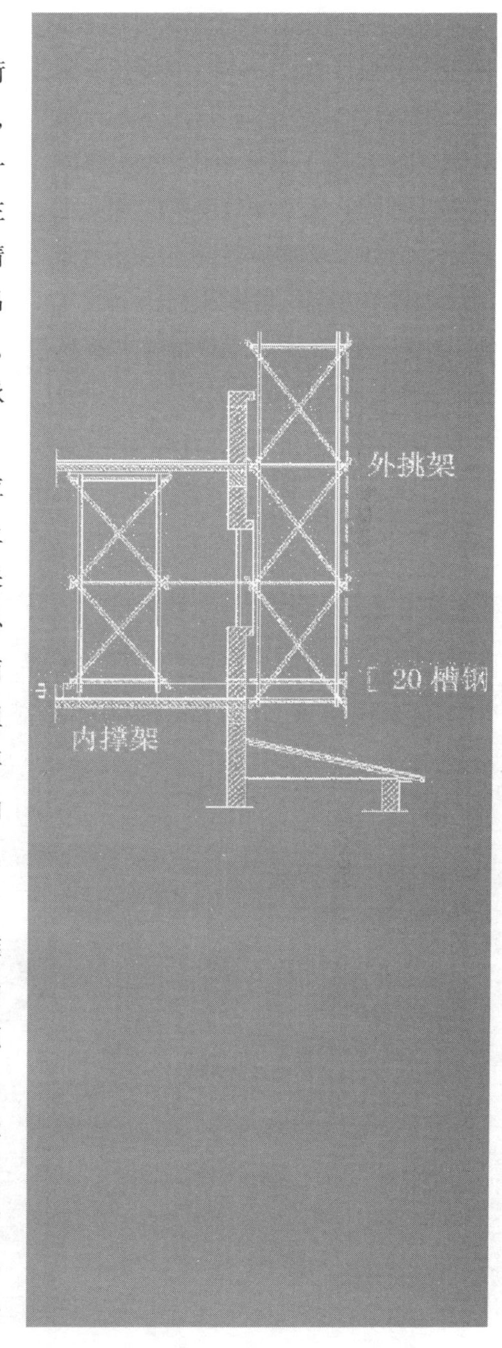

入砖缝空隙和墙表面，并使其扩散胶凝固化，达到补强目的；二是对一些受压损坏较严重的部位，如正立面阳台位置的窗垛墙因受拉破坏，240厘米墙体中间显逼裂状态达50厘米宽，无法继续承载，因此在修此类墙体时，采用荷载转换架支承上部结构，拆除单边墙体，增加钢筋砼薄壁柱与留下的另一半砖砌体浇筑成整体，以提高窗垛墙抗压、抗弯的刚度，从而达到加固的目的。此方法较好地保留了外墙的西洋花饰，使其不受破坏。

（8）在修复过程中，对旧砼碳化层的处理以凿除、水泥砂采粉补为主，在粉补前对锈胀的竹节钢进行除锈处理，对大于30mm以上的剥离层采用环氧砂浆粉补，受损严重的部位在粉刷修整后加粘碳纤维布加固。由于采用碳纤维布修补和专用砂浆结合的修缮方案，使外墙极具西洋巴洛克特征的花饰线型、流动变化的厚重窗套造型，得到了补强和恢复。

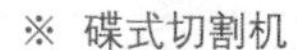

※ 碟式切割机

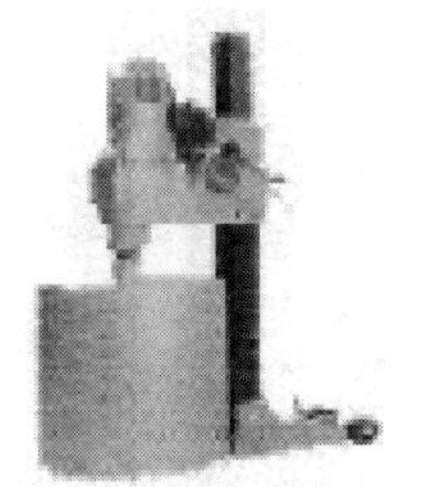

※ 连续钻孔机

※ 金刚链切割机

※ 砼逼裂机

4. 拆除工程中使用的机械设备

拆除工程要达到安全、环保、速度快、不损坏相关的结构保留体，新型机具的使用是不可缺少的。如在拆除砼楼板时，应采用连续钻孔机、蝶式切割机或金刚链切割机。这些设备运行平稳，切面光洁，不损坏保留体，对保留构件的尺寸可精确控制，且机械噪声可控制在50分贝以内，达到环保施工的标准。

另外，蝶式切割机、砼逼裂机可作大体积砼切割。对砼墙体拆除，采用大力钳也是一种快速的拆除设备，但相对于对存留结构件的受损影响较大，所以在选择设备和施工组织时，需要适时而用。

5. 外墙修复的内撑外挑脚手

一般老建筑多与相邻建筑连在一起，施工中，外脚手架的搭设是必然碰到的难题。小世界工程的左邻是上海老饭店，底层后跨为肯德基连锁店，右邻和后跨是特色小商品街和豫园内花园。其范围内客商、人流、水池、亭阁皆具，名贵树木密集，从地面往上搭设脚手架是不现实的。经过仔细的方案设计论证，一个“内撑外挑”的脚手架方法得到了肯定和实施，整个工程除正立面采用落地架外，其余三个立面均巧妙地采用了内撑外挑的悬架技术，解决了外立面修复登高脚手架无法落地的难题。

6. 外立面修复工程

在施工方案的总体思路上，我们将小世界定为历史 III 类建筑，即“修复外墙，改造内饰”，所以给施工带来不少困难。如正立面的西洋阳台，具有巴洛克风格的门窗套和墙饰，因以往的广告牌安装、建筑改造等原因造成严重缺损，还有阳台下檐、上扶手的严重风化。在施工前期准备中，我们采用照相、测量、脱模等多种技术手段加以原貌参数的数字复原，并仔细分析了原墙饰雕塑所用的材料特性和构造原理，通过反复试验和材料论证，修复达到了“缺失部分的修补必须与整体保持和谐”的预期效果。

在豫园一侧的外立面，为了与这个历史名园相呼应而增设或保留了中式围栏、梁架、椽、瓦、墙、门窗等结构环境装饰，力求和豫园区域建筑明清环境风格的统一和协调，使Ⅰ类保护建筑——豫园不受本次小世界修缮的影响。

7. 室内装饰的几个环境布置

（1）小世界会所室内装饰设计的主要功能是一个集会务、就餐、展示、休闲为一体的高级会所，装饰力求体现上海老城厢的怀旧意境。巧用豫园的景色，使室内空间与外景融于一体，以室外楼阁一角、墙内繁花几株的借景手法，巧妙地组成室内景观，使人见景生情。

（2）在三楼约200平方米的展示区，由玻璃烧制的20多幅上海老照片组成了一条婉转的历史之路，由地面向内向上延伸，引导贵宾走近老上海——豫园历史发展的变迁过程，将时间、空间、环境和会所的意境表达得淋漓尽致。

（3）在各种大小包房中，设计创意以上海民居厢房、客厅、三层阁的旧景新现。将建筑的芬克式木屋架、斜屋面采用胡桃木板加以装衬，面对豫园的小窗、幔帘半遮，各种高贵的玉器收藏、明清

款式的红木家具及简约主义的西餐桌椅，恰如其分地重现了富贵、安详、清静、远离喧哗的居家氛围。

（4）用片石组成的内廊石墙灰黑色的基调，使人犹如进入上海老城厢的时光隧道，通过廊、墙、门和厅的连接，组合成不同的空间。以这些空间的组合、明暗和大小的变化，再加上各种道具景点的布置，使各包房入口呈现自然之趣。

（5）小世界会所在装饰材料的应用上均极为普通，在片石应用上成功地将自然青色片石在后期工艺上改为纯黑色，达到了大面积装饰中性色彩的应用理想效果。另外户外防腐地板的应用，也从根本上解决了木材易产生的白蚁、真菌、孢子、寄居性水生虫及腐烂的特性，其他如水晶云石、工艺铁围栏、玻璃喷绘、金铂镶贴、灯光配置等方面均有工艺上的突破。总之，体现上海老城厢风格的会所环境条件，装饰材料的把握和施工工艺创新是总体成功的关键。

四、修复和保护的思考

小世界会所经过这次改造，在使用功能上得到了改变，建筑结构强度也得到了进一步提高。更值得倡议的是对一个不是

保护建筑范畴的历史建筑,如何在施工中注重它的历史文化和周边环境协调,是十分重要的。小世界建筑经历过许多事,关系到许多人。这些事件和人物因而也能通过建筑这个物质环境而被记载和保留下来,这也是极具重要意义的。小世界外立面按Ⅲ类保护建筑进行恢复性修复,达到了缺失部分的修补与整体保持和谐的宗旨,是目前旧房改造中的自觉行为,这体现了施工企业和业主对上海历史的尊重。建筑是世界的年鉴,“当歌曲和传说已经缄默的时候,而它还在说话呢……”这是俄罗斯文学大师果戈理曾说过的话。让我们共同关心旧房改造工程中的历史再现和续写,让那些极具人文特色的老建筑成为珍贵的文化财富。

历史保护建筑石膏花饰制品的修复技术应用

——以外滩18号保护建筑修复工艺为例

外滩中山东一路18号建筑，原为英商麦加利银行，新中国成立后更名为春江大楼，为上海市第二类近代优秀历史保护建筑。这座始建于1922年的近代历史建筑，延续了外滩近代西方古典主义或折中主义的风格样式。建筑的外立面为花岗岩和水刷石，外窗套为巴洛克风格的石雕花饰，内部门厅及大厅墙柱为白色大理石，楼梯间地面为马赛克。室内顶面天花、墙柱面线脚、花饰由精湛而又艺术的石膏制品造型，来体现欧式建筑的风格样式。根据历史建筑保护类别，外立面必须保持原貌，内部则有保留平面布局及有特色装饰的要求。本次改造对室内大量的石膏制品，我们采用了原真性和风格性不同方式的修复方法，修缮改造既注重保证原有石膏制品的风格样式，也尽力使材料工艺、肌理质感接近原本历史。

一、工程概况

外滩18号建筑为五层钢筋混凝土建筑结构，建筑面积达1万平方米。建筑的正立面为欧洲古典主义风格三段式构图，中间为三开间，二至三层两根罗马式爱奥尼式柱，形成了建筑的主体部分。四层以下为花岗岩饰面，五层及女儿墙部分为水刷石。室内门厅、进厅和大厅墙面为白色大理石，吊顶及墙筑面花饰为石膏制品。我们根据意大利风格的

※ 修缮后正立面

设计要求及欧洲的修复标准，对外立面花岗岩、金属制品、室内大理石制品等采用原真性方式进行修复；对室内石膏花饰吊顶、柱帽、线脚等石膏制品，按照风格性修复方式进行了保护性修复。虽然风格式修复其实质就是一种复制，但我们在制订修复方案时，依然对原有石膏制品有形或无形的固有表现形式和手法，给予了充分的尊重，也就是力求修复与完善其历史价值形成的部分信息源的原真性。

二、保护和恢复性修复的三种类型

（1）整体保存并修复具有欧式古典主义风格的花饰石膏造型吊顶和线脚、柱帽、墙面花饰等石膏制品。这主要是其现状处于局部破损，其构造完整性较好的石膏制品都照此办法执行，其位置有进厅处的天花板、柱帽及墙面石膏花饰，主楼梯间天花板及楼梯石膏线脚。

（2）保护性整体拆除并恢复建筑修缮功能要求下的花饰石膏吊顶和石膏线条、柱帽，以便于加固在此部分吊顶处上部的原有管线拆除和结构梁板。这主要针对其现状处于局部破损、饰面发黑、霉变，其构造完整性较好的石膏制品，其位置有漏文及建筑设施功能的提升，如通风、电器、照明等新的布局，其位置在一层大厅部分轴线及夹层处。

（3）按照原有风格、样式，采用原石膏制品相近的材料，仿制花饰石膏吊顶和石膏线条、柱帽。这主要是指原石膏制品的现状处于大部分破损、呈千疮百孔状态的饰面发黑、霉变；至于构造牢固性能较差的石膏制品，这部分修复方式主要在一层大部分轴线、夹层及卫生间位置。

※ 修复前进厅天花

※ 修复前大厅天花

三、修复的措施和技术方法

(1)保存并修复花饰石膏吊顶技术措施

1)数码留档。对原有花饰石膏天花测量各部位形状尺寸,掌握原始数据,并用数码成像技术结合测量数据,借助计算机 Auto CAD 软件系统,进行花饰石膏天花板的数据复原,并绘制成图。

2)绘图成形。借助计算机 AutoCAD 软件,复原石膏花饰。这些花饰有五种不同的形式,我们对原有花饰逐一数码化图像测绘留档,再根据其图像形状,核查各种构件风格的资料,明确花饰的编号、名称、图形、比例后绘制成图,进而对照图示,由工厂进行翻模加工复制。

a. 正方形整体藻井式。顶面内圈由套环花饰图和较小比例组成凹凸长方格式方形图案,外圈由较大些的凹凸方格与圆花饰交错形成的图案。四周立面有贝壳形棕叶饰圆花

※ 拆除前大厅天花

※ 天花复原后 CAD 图形

※ 复原后贝壳形棕叶饰圆花饰

※ 希腊方形回形纹的柱饰帽

饰和希腊方形回形纹重复交互出现组成的花饰。

b. 正方形整体平面内有几组内凹藻井。藻井内线条简洁，更显大气。

c. 正方形整体平面内由小半圆线条组合的几个对称的几何图形，线条较为简洁。

d. 跨度较小处的长方形石膏天花，由小半圆线条逐级收分组成的叠级形式。

e. 与柱身风格统一的柱帽形式，根据柱子表面的装饰形状而定。大理石方柱多为线条逐级放大式样，面部饰有希腊方形回形纹带。有条形内凹槽柱饰的圆形柱，柱帽形式下端的凹凸进深与柱身相一致。

3）材质分析。在原石膏板处适当部位取样，进行材料分析，确定石膏花饰的材料特性。

a. 原石膏制品构造形状为整体内凹式，均为工匠手工现场脱模制作。

b. 根据材质的断层可以看出，其表面肌理风化 3~5mm 厚，表面呈粉状，色泽泛黄，毛细孔呈色泽渐变肌理等特征。在漫长岁月里数次装修涂饰的多层石灰水及乳胶涂料，形成了不同材质肌理的历史构成。

c. 在经过仔细剥离数层涂饰后，确认原建时涂饰的材质和肌理为石灰涂饰，表面呈细微颗粒状、凹凸不平、有一定的肌理走向、微黄；内掺有麻丝、石膏细度切片为 80 目、白度 80.3、水膏比 60%，有明显呈现手工脱模制作的质感。

※ 原有石膏制品麻丝分析

※ 原有石膏制品肌理分析

（2）局部保护性修复

首先将花饰石膏天花板进行表面清理，用羊毛刷和砂皮将原污垢及涂层清除，再将原破损洞口修裁成形。为了使新材料与旧肌理能够很好地结合，首先采用黏结力较强的清油滋润原基层，再采取石膏粉1∶玻纤0.1∶水0.1的比例合成嵌料，并借助逐步批嵌的方式进行复原修补。大于8.2厘米的孔洞，则采取纤维石膏板裁成各洞口形状尺寸后，利用原石膏反哺黏结安装、嵌缝处理。

（3）保护性整体分区拆除并复原的技术措施

1）拆除目的。采用保护性整体拆除的方案，是为了在此部分区域的原管道线路的拆除及结构梁、板的加固，而原有石膏天花有保留的价值。

2）拆除留档。除了按照码据留档的工作要求安排外，对于整体拆移的天花板，还要对其在建筑空间内的位置数据进行留档、拍照，在平面布置上进行绘图、编号，并在原结构处做标记，以保证各个部分的吊顶以后能够准确地恢复原位。

3）构造分析。拆除前对吊挂、安装部分的构件材质、受力位置、构造特征进行分析后，确定分区、分块及断缝形式。

4）拆除。按分割方案先将石膏天花在正面进行分区、分块整体加固，防止因受力不均而产生不规则裂缝或直接粉碎性断裂。分块拆除后，将其搁置在满堂脚手架上，再小心地吊装至地上妥善安置。

5）修复。对花饰石膏天花板进行表面清理，用砂皮将原污垢及涂层清除，再原破损洞口修裁成形。为了使新材料与旧肌理能够很好地结合，首先采用黏结力较强的清油滋润原基层，再采取石膏粉1∶玻纤0.1∶水0.1的比例的合成嵌料，以逐步批嵌的方式进行复原修补。大于8.2厘米的孔洞，则采取纤维石膏板裁成各洞口形状尺寸后，利用原石膏反哺黏结安装、嵌缝平整处理。

6）安装。将修复好的石膏天花板按照原分区、分块的位置编号，直接吊装至原位置安装后，在背面坞帮整体加固。

（4）仿制修复花饰石膏吊顶技术措施

前期的工作内容同第二种修复方式。

1）开模。根据花饰石膏天花数据复原、绘图成像，采用硅胶泥在原相近花饰上制作阴模，再用玻璃钢反制成阳模，然后石膏成型加工。

2）修复材料。采用的材料由石膏、玻璃纤维、添加剂和水组成高强度GRG制品。在分析原有建筑上的石膏成分的理化指标和强度后得知，该石膏制品为当时的进口材料，其细度及白度、强度都为同类产品的上乘材质。为了达到修缮标准，符合复制和修复的材料工艺必须与原材

料、制作工艺相近的原则，我们相继考察了国内几家知名的石膏制品生产厂家，主要控制生产厂家制作工艺交底要求及复制产品的主要原料，如石膏、玻璃纤维的原材料性能应符合以下要求。

a. 石膏。选用中国内蒙古特种高强石膏粉，其理化指标为：细度 120 目、白度 84.3、水膏比 65%、抗折 6.5mPa、抗压 215Kgf/cm3、初凝 6~8 分钟。

b. 增强纤维。选用耐碱 35~40 厘米短切无捻粗纱增强纤维。

c. 其他增加无纸石膏构件的强度及防水性，生产过程中添加相应比例的增强剂和水溶性脱模剂，保证石膏制品无返色。

3）制作工艺。

a. 基本原材料配合比为：石膏粉 1∶玻纤 0.1∶水 0.1，厚度视图纸要求，构件最薄处≥ 10 毫米。严格控制机械搅拌时间及搅拌量，其耐碱纤维掺入量为 10% 左右，短切丝三维乱向投放，搅拌成均匀混合状。

b. 采用能够分解、挥发、吸收的水性脱模剂，以保证石膏产品表面干净、无污染，并顺利与模具脱离，且与今后涂刷的涂料能形成有效结合。

c. 产品脱模后，静置 5~6 小时，然后进晾干棚自然晾干，一般需要 7~10 天左右（视天气情况不等）；或进烘干房烘干（我们一般不提倡石膏制品进烘房，因为石膏制品的自然风干，更有利于石膏内部熟化后结晶体结构的匀质分布）。

d. 单跨内吊顶天花划分为藻井、平板；复杂侧板根据成组花饰分别浇注加工。

4）现场安装。

a. 清理墙面、顶面，找原标注基准定位放线，正确安装

放样验证机械,终端安装位置正确。

b. 安装构造采用轻钢龙骨骨架,镀锌螺丝将石膏构件固定于基层,螺丝间距为25厘米。吊杆设置钢结构反撑和斜撑,克服震动对平顶影响。

c. 安装时,先根据地面、墙面的定位基准线固定纵横顶面平板,再根据平板位置安装藻井、侧面板、线条。

d. 在龙骨与石膏花饰吊顶的连接处,采用石膏坞帮技术,用石膏掺入玻纤(比例为石膏粉1∶玻纤1),加水搅拌均匀后,加固于石膏构件背面,间距为30厘米,以增加连接受力点的稳固性,使石膏构件与

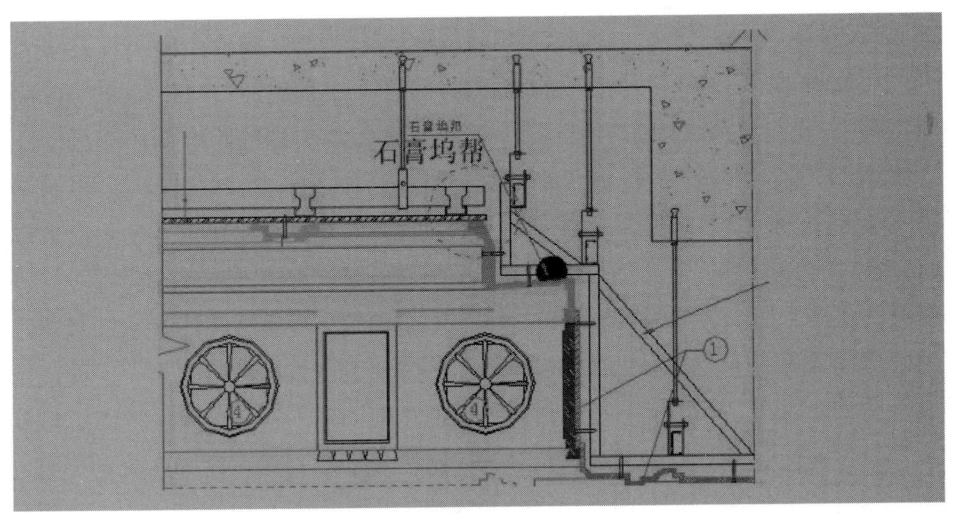

※ 石膏天花坞帮加固

基层形成整体的稳固性能。

e. 最后修补构件表面，使平顶形成整体，板与板连接处采用同种石膏粉加特种黏合剂，配制腻子批嵌板缝。以上措施主要是为了提高石膏天花的抗压强度和防止石膏板因安装牢度不够而产生的开裂现象。

5）饰面涂层。

石膏吊顶的修复，除了石膏吊顶造型的花饰体现原有风格之外，更能够体现历史层理感的是饰面古色古香的表面肌理，所以，我们在石膏制品的涂饰上力求考虑原建材料、工艺的效果修复，使其达到相对接近于原真性的信息源。

a. 材料按照一定比例，采用石灰浆 + 水 + 胶，再加注黄色颜料、墨汁等色素原料，利用机械充分调和成石灰涂料。

b. 制作色板小样，对比确认材质表面的泛黄色系和带有微颗粒的纹路肌理。

c. 涂饰采用 8~16 管的羊毛排笔刷涂，刷纹按照一定的方向。

d. 石灰涂料依次涂刷三度，每度涂刷后，用塑料软质球体海绵，按照刷纹方向和一定力度反复顺纹旋转摩擦，直至将其擦干，以形成石灰涂层表面的颗粒与细腻的质感纹路，使其表面呈现粗糙颗粒状及石灰质泛黄的古旧肌理。

四、结束语

在外滩18号室内石膏吊顶的修缮过程中，我们努力在“风格性”修复方式中赋予“原真性”的内涵。在完善历史建筑构件外观风格造型的同时，力求使修复材料、修复工艺接近原建时的状态。所以，本次外滩18号室内外修缮方案的理念，除参照意大利设计师的方案外，修复方案着重考虑了“设计与形式的原真性，修复材料与实体的原真性，修缮工艺的返朴原真性”。因为建筑材料是在某一特定的时代，以特定的环境和案例构成的文化遗产的物质因素，其工艺技术也是某一特定文化或特定民族在历史上逐步掌握的手工技艺和传统遗留技术，历史情感则主要表现在原有建筑肌理的美感和古色古香的感觉上。这种修复理念则体现了施工企业保护历史建筑的技术能力，以及对建筑历史的尊重。

※ 修复前后的大堂

上海近代历史建筑保护修复技术

上海近代历史建筑作为城市的一种不可再生的文化遗产，已经越来越引起人们的关注；而修复工艺技术在促进这些文化遗产的保护和修复中起着重要作用，历史建筑因不同的保护等级、建筑类型、风格特征，就要求有不同的修复技术和保护方法。保护修复是保障历史建筑再生的重要手段，保护不仅体现修复技艺水平的高低，更重要的是对历史与技术的双重理解和敏感，是一种极其复杂的专业化的工作。

一、近代历史建筑保护的环境

上海是一个有着丰富历史积淀和深厚文化底蕴的城市，近代中西文化交融形成的独特而又富有创新精神的海派文化，更多的是体现在被誉为"万国建筑博览会"之称的近代历史建筑上。随着上海新一轮城市建设的开发与推进，被视为建筑遗产的近代历史建筑的保护修复实践，也将越来越多。

上海已将总面积达 27 平方公里的建筑区域，划分为 12 个历史文化风貌街区，而各个历史时期、各种风格流派有代表性的建筑几乎都可以在其中找到，譬如古埃及、古希腊和古罗马的建筑样式，拜占庭式、东正教式、哥特式、文艺复兴式、巴洛克式、古典主义和新古典主义建筑样式，以及中国古典的传统宫殿式建筑和民间传统建筑等，可谓包罗万象，海纳百川。

在此区域内的近代历史建筑，已经相继有四批被收进保护名录，以更明确的法规形式来保障建筑生命的延续。以2003年施行的《上海市历史文化风貌区和优秀历史建筑保护条例》与先前的《上海市优秀近代建筑保护管理办法》相比，显著完善了历史建筑的生存环境，它把以前定义的优秀近代建筑扩大为优秀历史建筑。这两者的区别在于优秀近代建筑仅是指从1840年至1949年之间的优秀建筑，而优秀历史建筑则是指建成三十年以上有历史纪念意义和艺术价值的建筑。这就是说，我们不仅要保护政府列入保护名录内的近代历史建筑，还要积极保护那些在名录之外的、富含历史年鉴意义、在当时社会产生过积极影响的有历史文化价值的老建筑。这也说明上海近代历史建筑的保护已从文物观赏性向开发利用性转变，这对于改善历史建筑的生存环境，意义非常重大。

二、近代历史建筑保护修复的现状

历史是一个城市的根，无言的建筑所浓缩和留存的，正是历史沧桑的印痕。漫长的岁月，磨损了建筑的棱角，折磨了建筑的躯体，却沉淀下了历史文化的厚度。正是这些历史建筑，形成了城市的多样性和独特性，是真正的城市特色与个性之所在。一个重要的事实是，这些本应该得到切实保护的历史风貌在城市化经济建设中以各种理由或被空置，或干脆一拆了之，最终能够保存下来的部分，也被无知无畏者们的设计和改造弄得面目全非。综观对近代建筑的破坏，主要有以下几种方式。

1. 使用性破坏

使用者缺乏对历史建筑的保护意识，对近代历史建筑不合理的使用而造成无法挽回的破坏，包括随意改变建筑室内的原有平面布局和结构体系，在拆除和加建的过程中，将历史建筑的原有风貌和特色毁坏殆尽。

2. 置换性破坏

近代历史建筑的置换再生，必然带来使用功能的改变。建筑通过象征手段发挥着建筑的伦理功能。象征赋予一个建筑物的意义与灵魂，通过一连串的符号来表达或描绘其功能的特征。近代历史建筑功能置换，应该坚持相近的、不至于因功能相去甚远而大动其筋骨的态度，如果在修缮改造时只是根据功能使用的需要，对于原有建筑的构件不加保留地拆除、加建，将室内传统而有特色的建筑风格、建筑装饰随意更改，就会失去其建筑象征的艺术，形成无法挽回的损失。

3. 保护性破坏

持保护改造的理念，却不顾及建筑在各个历史时期变化的事实，将建筑肌体采用现有材料和技术，完全修复至原建时风格形式的状态，以崭新的面容重生再现，就会将历史的层理全部抹杀，造成历史记忆的彻底缺失和永久伤害。

4. 修复性破坏

保护修复采用的技术方法，没有任何“可逆性”而言，大量使用“不可撤销性”的水泥、涂料制品的材料和工艺，将使修复后的效果不可逆转地破坏。如在石材、砖砌体墙面涂刷涂料或防水层，会使砌体内墙面粉刷受潮脱落，砖砌体表面漆皮酥散起泡，等等。因为传统的建筑材料具有呼吸功能，而现场涂刷的涂料，将砌体内部的水分封闭在砖与涂膜之间，产生物力和化学反应，表面变质霉烂。

5. 清洗性破坏

上海近代历史建筑外立面多为石材或砖墙形式，对建筑立面陈年污垢、灰尘、锈迹、油渍等污染物不进行科学的劣化分析，而盲目使用不恰当技术方法进行清洗，必然对建筑造成伤害。特别是外立面石材清洗盲目采用药物漂白，试图达到一药医百病的效果，药物与石材化学的反应，在清除污垢的同时腐蚀了石材的肌体。譬如石材墙面黏性污垢，如以打磨抛光的方式清除，就会严重损伤历史建筑古色古香的肌体特征。同样，在气温较低的季节使用压力水清洗，致使石材内部吸收储存大量水分，在较低气温下形成冰凌冻融膨胀，也会破坏石材的内部结构。

综上所述，在上海近代历史建筑作为城市文化遗产积极保护的今天，我们依然缺乏历史建筑保护修复的专业设计和施工的工程公司，缺乏保护修复的技术人员和技术标准，缺乏法律所规范的准入监管制度。施工企业对历史建筑改造工程的设计和施工，仍然按照传统的管理模式和技术方式，不了解哪些应该保护、如何保护，哪些应该修复、用什么样的技术工艺和材料修复；不知道哪些平面布局和结构体系不能够改动或如何改动，没有清晰的理念和思路对待“保护再利用”概念中保护和利用之间的取舍与矛盾。

三、近代历史建筑保护修缮原则

在近代历史建筑的保护修缮过程中，我们要重视的不仅是修缮保护技艺水平的高低，更要理解保护建筑历史价值的延续和体现的思想。将建筑保护、法律条款与旧建筑改造修缮工程技术结合起来，体现保护修复以使历史建筑功能改善。建筑的再生，基于复现建筑历史传承和保护修复技术改进并举。

1. 遵循法律法规的原则

根据法律法规的解读，来定义历史建筑保护的范围和保护方式，在目前无疑是非常明确而又规范的途径。事实上，历史建筑与普通建筑改造修缮的不同之处，就在于它有专门的法律界定。这个从国际宪章、国内法律到地方条例，对历史建筑的保护规划、保护名录、保护等级、保护范围及技术规范，都有一定的规定。

上海在历史建筑和保护立法领域一直是处在国内领先地位的。从20世纪90年代初期施行《上海市优秀近代建筑保护管理办法》，90年代末期为了规范上海市第一轮的房屋置换后的建筑保护而颁布的《关于进一步贯彻〈上海市优秀近代建筑保护管理办法〉的通知》，以及为规范近代历史建筑在城市建设和建筑保护修复方面的标准所颁布的《上海市第二批优秀近代建筑保护技术规定》，到为了更好保护近代历史的建筑，从2003年1月1日起施行的《上海市历史文化风貌区和优秀历史建筑保护条例》，均逐步扩大了保护范围。《条例》的保护力度进一步加大，保护的内涵相对更宽泛了。也就是说，在此期间的历史建筑已经不仅仅限于保护名录之内的历史建筑，没有被收录进保护名录的更多优秀历史建筑，也需要保护，而不应该被列入旧房改造的范畴遭受任意毁坏。

与此同时，不能否认我们的保护立法还不够完善和健全。如近代历史建筑在发掘并列入保护名录方面，因为没有明确的法规说明符合一定范围内的近代历史建筑，其所有者必须申报保护名录的监管、界定，致使相当一部分优秀近代历史建筑在拆旧建新的现状中，无法保证保护措施的坚决执行。

同样，在保护修复工程监管方面的法规，也存在一定的疏漏。历史建筑的保护修复离不开一定专业技术标准和操作规程，离不开一定的保护专业程序，离不开一定的专业施工队伍。这些较为专业的要求还基本空白，应该尽快完善和健全在企业保护专业施工资质、个人保护技术专业执业、保护专业技能培训、保护工程技术标准等方面的法律法规。

2. 坚持保护修复的理念

在历史保护建筑修缮中，确定保护修缮理念，是指导设计师的设计意图和设计手法的根本依据，而保护修缮方式的依据，则是概括了历史建筑在法规方面的界定、建筑历史的信息、建筑使用者的要求等因素。首先对史料记载的掌握、历史价值的挖掘，对建筑历史各个发展阶段的层理进行合理正确分析研究，才能确定保护修缮正确、合理的方案，也是形成保护修复理念的重要因素。

外滩18号建筑在2003年—2004年的保护修缮改造中，获得了彻底的新生。就其保护修复的效果而言，在国内堪称经典案例。究其原因，主要在于此次保护修复是原真保护理念和修复技术完美的结合。该项目的主持人是业主特别邀请的意大利历史建筑专业修复建筑师，他从欧洲带来的保护建筑修复的经验是非常值得我们借鉴的。西方对历史建筑保护修复有着漫长的历史，他们所积累和归结的保护修复的方式，有其必然的历史路径和渊源，而在近代史上特别是现在，他们已经非常理性地将历史建筑作为文化遗产，以保护它们的原生形态作为原则。其基本理念是尽可能减少对原建筑本体的干扰，尽可能多地去探寻历史的痕迹。修缮后的原有历史风貌沧桑依旧，古色古香，配置现代功能，古今共荣再生。这是按照意大利历史文物建筑的标准，结合上海建工装饰公司多年研究积累的修复技术经验而实施的保护修复项目的成功范例。

中外对近代历史建筑有着各种不同的保护修复方式，加以甄别和总结后，可以将其内容归纳为原真性修复和风格性修复这两种不同的保护理念。事实上，西方国家特别是意大利，风格性修复方式已经很少使用，主要使用的是原真性的修复方式，以保证历史遗迹原生的历史信息，杜绝任何形式的混淆历史。

（1）原真式修复理念，主要基于对历史文献和历史现状的尊重。它提倡除非绝对必要，否则对于历史建筑宁可只加固而不修缮，宁可只修复而不恢复的观念。

a. 一般可以按文献记载，在史料充分可信的基础上，剔除那些意义不大的增补和附加物，进行完整修复。为了必要的加固添加的部分，必须采用同原有部分“显著不同的材料”，以展现旧肌体的史料原真性，保护其史料的文化价值。

b. 认为历史、形式、技术和材料，不是彼此孤立或互相排斥的，修缮历史建筑可以用新方法和新材料，但有一个标准，即新方法和新材料的使用，绝不能超过历史层理所能承受的量度。

c. 保护修复不应直接损害文物建筑本身，所做干预具有可逆性，以便今后更科学和完整地保护修复。

（2）风格式修复理念，是指专注于对建筑风格的完善，将建筑肌体完全修复到原建时的崭新状态，可以选择对建筑物的现状扰动较大的一种修复方式。这种修缮方式需要抹杀各个历史时期改造时所遗留下的印迹，以及再造肌理与原物无视觉差异而较易造成戏说历史的局面，也是采用最多的一种修复方式。

a. 在建筑形式处理上追求近乎苛刻的史料性，但可采用新结构、新材料，不必拘泥于传统的建造方式和材料。

b. 一般对建筑肌体中非永久性建材，采用现代材料加工成原构件形状、尺寸，利用现代工艺将其表面处理成旧肌理的模式。这种修缮方式需要抹杀各个历史时期改造时所遗留下的印迹，以及再造肌理与原物无视觉差异而较易造成戏说历史的局面，也是采用最多的一种修复方式。

3. 历史建筑修缮技术

一幢优秀近代历史建筑修缮的好坏，取决于是否得到专业修缮，继而承载了原貌旧史，拓展了现代功能而焕发青春，延年益寿，或是被非专业的改造，使之面目全非而毁坏，其中关键在于是否具有保护意识和专业的修复技术。

（1）保护结构体系安全技术。由于历史建筑的保护修缮所遵循的“开发利用、展现代功能、承原貌旧史”的原则，其内部空间的平面布局在尊重法规要求和功能转换的情况下，建筑的荷载和平面布局也必然进行不同程度的改变。此时，维护结构的坚固性，使之合乎现有抗震、消防等强制性规范的要求，是历史建筑保护修缮工程首要的工作。历史建筑修缮的安全性要遵循几个方面的原则。

a. 结构安全性鉴定。历史建筑修缮改造首要依据是在建筑修缮前，对建筑结构进行法定机构安全性的鉴定，鉴定报告的结构各项有效数据结果是设计方案平

面布局、空间分割的重要参照因素，是建筑局部拆除、加固施工方案的重要实施安全保障。

b. 设计方案的合理性。弱化逻辑思维的设计方案，只注重今后使用的装饰效果，而无视历史建筑原有建筑功能形式和结构的实际承载力，必然导致方案缺少存在的合理性与可行性，将历史建筑的原有风貌毁坏殆尽，从而给建筑结构的安全性留下隐患。在现行施工规范及技术工艺的指导下，在首先满足现有建筑规范对结构安全性能规定的前提下，尽量满足装饰设计需要的空间布置和装饰效果，使历史建筑的再生达到传承原貌旧史、拓展现代功能的要求。

c. 结构受力体系的组合。建筑结构受力体系的改造方法有三种：完全利用建筑原有结构受力承载，并对原有结构进行加固；由原结构加固和增值新的结构，使新老建筑结构共同承担承载力；完全脱离原结构，由新结构受力承载。

（2）结构加固技术

钢结构加固：外包钢加固法、粘钢加固法和套箍加固法。

外包钢加固法是指在混凝土柱四周包以型钢进行加固。粘钢加固法是将钢板用黏接剂黏结于混凝土构件的表面，以达到加固目的。套箍加固法指的是凿掉原柱角边，在被加固柱的四周直接套钢筋套箍的方法，并且使用电焊连接，外抹水泥砂浆保护。

混凝土加固：增大截面加固法、植筋锚固加固法。

增大截面加固法是指增加配筋或者增大混凝土结构的截面面积，使得构件承载力提高，并满足正常使用。植筋锚固加固法是对砼结构较简捷、有效的连接与锚固的技术。

碳纤维加固：受拉受剪增强法。

受拉受剪增强法是指用微量的树脂浸渗高强度碳素纤维后，作为混凝土的修复补强材料，以增大混凝土结构的抗裂或抗剪能力，提高其结构的强度、刚度、抗裂性和延伸性。

喷射砼加固：喷射混凝土加固法、喷射环氧砂浆加固法。

喷射混凝土加固法是指利用压缩空气，将配好的混凝土拌和料，通过管道输送并高速喷射到受喷面上，经凝结硬化后形成混凝土支护层。

预应力加固：局部预应力后张加固法。

局部预应力后张法是指先浇注水泥混凝土，待强度达到设计的75%以上后，再张拉预应力钢材，以形成预应力混凝土构件的施工方法。

抗震加固：抗震摩擦阻尼器加固法，加设抗震柱和剪力墙加固法。

抗震摩擦阻尼器加固法是指使用摩擦阻尼器进行减震，以有效避免对建筑物结构本身的破坏。

化学加固是指在地基土中注射某些化学溶液，反应生成胶凝物质或使土颗粒表面活化，在接触处胶结固化，使土颗粒间的联结增强，从而提高土体的力学强度。其主要采用乙基硅酸盐固结法加固石料散屑、化学灌浆加固法。

（3）保护拆除技术。历史建筑的重新利用，由于其功能一般将改变，包括内部空间的重新组合，致使原有结构局部拆除工作不可避免。目前在某些工种中采用的锤敲斧凿、风镐电锤的作业方式，将对修缮历史建筑物产生严重危害。而较先进合理的建筑局部拆除技术有以下几种。

a. 连续钻孔切割拆除技术：是采用连续钻孔的方法，切割较厚的板材构件，适用于受到空间限制的墙地面拆除作业环境。

b. 整体切割拆除技术：是利用碟式切割机，可以根据不同的切割厚度调整碟片切割方式，适用于大体量墙、板、梁等构件整块的切割作业，作业环境相对宽松的施工。

c. 自由切割拆除技术：是采用金刚链切割机，较少受构件位置、受力状态的影响而任意形状的切割方式，适用于墙、板、梁、柱等不规则形状的切割作业。

d. 连续破碎拆除技术：是采用液压动力装置的大力钳，连续构件破碎的作业方式，拆除最大厚度 400mm 墙、板、楼梯等。

（4）设备功能安装与历史风貌有机结合的技术。要使近代历史建筑保护再生，使其进入人们日常的生活，供人们使用，现代功能符号很强的灯光照明系统、通风空调系统、消防报警系统、网络通讯系统等设施的安装，显得十分必要，但与近代历史建

筑保护冻结现状的表现古典美的形式，却常常格格不入。

a. 建筑立面的管线、空调外机的规避技术。空调外机垂直、平面合理迁移，使其布置在一个垂直方向内，可利用近代历史建筑栏杆隐藏规避，也可在空调外机上加注整体接近建筑风格的外机金属罩，空调管线利用专用护套规范布置在墙角等处，这样既巧妙地隐藏了所有的空调外机，也尊重了原建筑风格立面装饰的效果。

b. 室内大量的灯光照明、通风空调、消防报警系统网络通讯等设施管线面板的安装敷设，则尽量采用改造部分的装修来安装，原则不必因为设备的安装扰动原有建筑的本体。

c. 设备管线的安装可以利用原有通风口作为空调风口，利用地下室、结构梁柱加固、新置固定家具敷设管线，从而达到平衡功能使用和保存旧貌的要求。

（5）保护修复技术。历史建筑保护良好的修复效果脱离了技术和材料的应用是不现实的。一部建筑的历史可称其为建筑技术和材料的发展史。专业人员、专业技术、专业研究是推动历史保护建筑修缮发展的必然要素。

a. 建筑劣化分析。科学合理的建筑劣化状态的分析，是采用何种技术手段、材料工艺保护修复的重要依据。

上海近代历史建筑外立面，一般都是花岗岩石材或砖砌体墙面，岩石表面的黑色污垢会随着时间的推移而变厚变硬，堵塞表面空隙。这意味着同样的温度和力量，会对岩石及其污垢产生不同的影响，变硬的黑色污垢吸收热量而膨胀产生裂纹，裂缝的产生及污垢的脱落也常常伴随着岩石的开裂。由于岩石会不断形成新的污垢，所以遭到损坏的岩石表面的散裂会进一步加剧。岩石的劣化情况主要有以下几个方面。

◎岩石粗糙的表面常常容易积灰、积物形成黑色污垢，时间一久，在那些雨水冲洗不到的地方，灰尘就在岩石表面积聚起来形成黑色或灰色的污垢。

◎排水管及电器设备架等在外墙表面金属物的干氧化作用，形成的局部黄棕色锈迹污染。

◎在外墙面起固定作用的钩子及螺钉产生锈斑而引起的污染。

◎外立面不同材质的蚀化、涂料、沥青层、油漆及灰浆的污染。

◎石材墙面局部地方表面的散屑及脱落。

◎清水墙面由于受潮，表面漆皮和裂纹的劣化。

◎室内大理石表面颜色变暗、泛黄的油脂污斑和油漆污斑，由湿气凝结而产生的表面散屑现象，大理石墙柱的裂缝及隆

起等结构性损伤。

保护主要是减少对原建筑本体的干扰,保留历史的痕迹。对于半永久性之类装饰斩假石、粉刷层和砖石竹木之类的永久性材料采取的做法,其原则是将朽坏糟烂、有害生物、污染痕迹进行剔除和清洗后,采用与之相近和相同的旧材料修补残缺与破损部位。

原样保留、冻结现状:按照历史建筑保护的类别的不同,建筑的外立面、基本的平面布局和结构体系、室内有特色的装饰装修等分别需要不同程度的原样保留。但不排除对其采用外加防护措施和不妨碍立面本来面貌的清洗工作,这一方法应该占历史建筑保护修缮的绝大部分。

保护现状、积极干预:对历史建筑部分构建外在形状、色彩肌理等历史原貌进行现状保护,但对其构造的坚固安全性能,可以进行结构加固干预。

b. 建筑修复技术。修复工艺首先确立肌理材质分布在建筑物表面的位置、造型、尺寸及加工工艺方法特征,整理成文,拍照留档。原建筑肌体材料性能分析,分析材料的物理性能及形成原理。

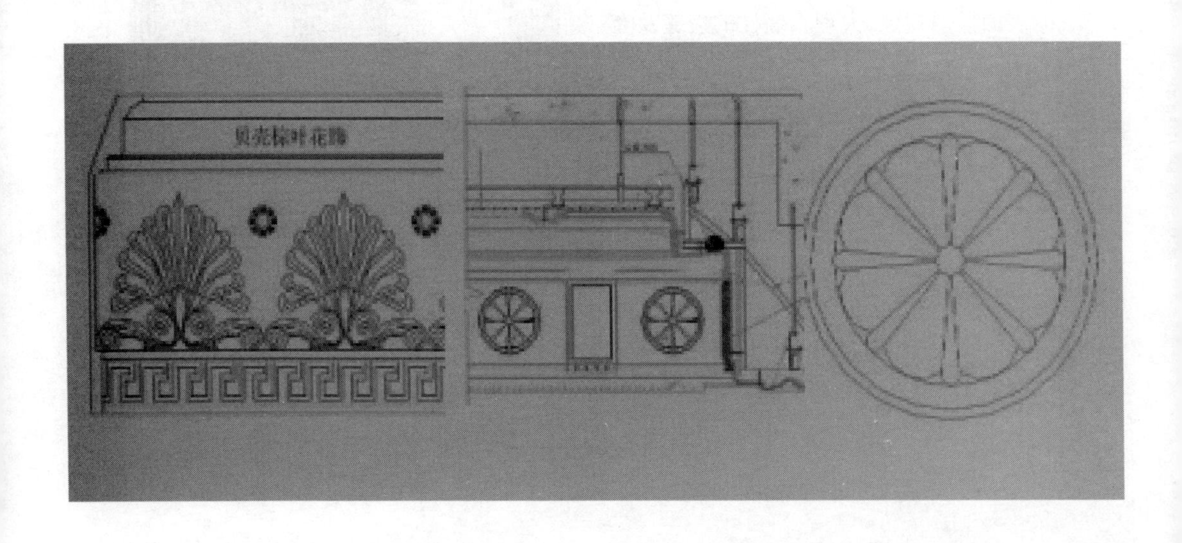

◎石材固结修复。指用同幢建筑不同区域的同样材料，进行按原样的修复建筑某些极小的缺失和损坏，对建筑肌体破损及裂缝处的修补及肌体表面凹凸纹理的缺损修补和安装件拆卸后表面产生的缺口，采用灌注胶结材料环氧树脂或氢氧化硅添加颜料修复。

◎金属件修复。用焊接、铆钉及其他类似方法对材料进行加固，经过现场实测或是根据极充分的 史图档依据，或进行完全按原样复制修复。

◎石膏制品修复。破损修复可以除去石膏制品原有表面涂料，用石膏粉浆填补裂缝处，按指定颜色用一般漆或硅酸盐漆粉刷表面。复制修复应根据原有石膏制品的形状、尺寸、材料工艺等原状特征，制造石膏模型进行浇筑或采用石膏板拼贴的方式复原。

c. 建筑清洗技术。这种方法可以去除石材表面的污染脏物，即除去可能引起材料劣化的表面外来堆积物的一种操作方法。另一方面，清洗方法也必须对由于材料自然老化而产生的所谓“氧化层”给予足够的重视。原旧肌理存在的污垢污

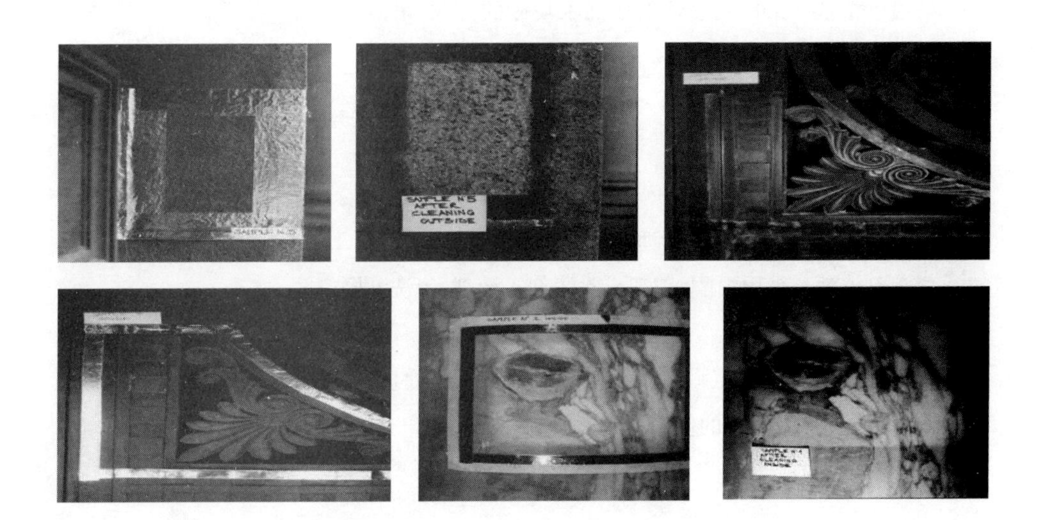

※ 外滩 14 号室内楼梯修复前后的对比

渍，应根据材质及劣化程度的不同，分别采用不同的清洗方式。

◎喷砂清洗。采用喷砂器低压加水喷砂的方式，来清除石材表面沉积物的污染。

◎高压水清洗。用调节到一定压力的清洗器喷水冲洗，靠水冲击的方式清除污垢。

◎化学清洗。利用 15% 的碳化氨浓缩液清除黏性物质、不同的污染，用磷酸铵 + 磷酸清理局部的锈斑。

◎溶剂清洗。采用丙酮、硝基或除漆剂等溶剂，清洗不同材质上的污点残迹。

◎干冰清洗。采用微颗粒干冰通过气压喷射至处理物，利用干冰低温膨胀及气压的作用清除污垢。

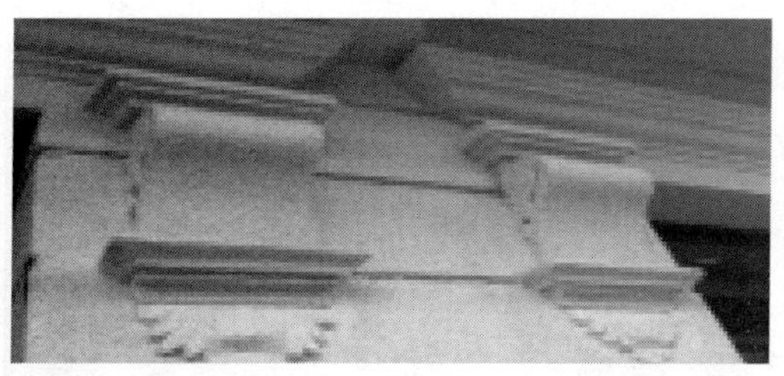

※ 豫园“小世界”外墙花饰修复前后对比

四、总结

上海近代历史建筑保护修复修缮项目，已经有一定的实践质量，在近代历史建筑保护再利用的理念方面也有相当的发展，特别在立法和城市规划方面取得了积极的成效。但历史建筑保护修复的整体技术还在沿袭旧房改造的传统工艺技术，没有遵循保护伦理修复技术的应用和实践总结研究。历史建筑的保护是一个系统性很强的社会工程，是以立法界定、教育培训、城市规划、功能置换、修复改造、使用维护等诸多方面而形成的系统链，在这个系统链上任何一环的缺失，都将严重制约历史建筑保护修复领域的健康发展。

历史横断面

——意大利首都罗马城历史建筑保护考察

当被誉为永恒之城的古罗马如同画卷一样突然摊开在我面前的时候，她那历经千百年的兴衰枯荣，仿佛古罗马数千年的岁月，都被压缩成了一个历史的断面，满目都是用石头铸成的史册。那一幢幢完整的建筑、一根根残缺的石柱、一堵堵颓废的墙垣，都在诉说着千年悲凉的高贵。它们或立或坐，或群居或独处，在今天的衰草暮辉下，依然不改往日的尊容，不改其经典的身段，以其零零散散的证据，炫耀着罗马帝国昔日的荣耀和辉煌。

那么，罗马人是怎么呵护这部石头的史书的呢？我有机会以历史建筑的爱好者和探讨者的身份，近距离地同这些历史建筑进行了虔诚的攀谈，了解它们重生的历程。

我的第一感觉

当我们进入意大利的首都古罗马城内的时候,我的第一感觉是西方的城市建筑非常松散,因为车辆行驶在阿庇亚大道上,两旁多为古罗马建筑的遗迹及在废墟上而建造起来的国家公园。

事实上,在这座始建于公元前8世纪、有着2800年历史的罗马城内,遗留了欧洲各个历史时期的建筑遗迹,从能够容纳25万人的跑马场,到8万人的角斗场、5万人的剧场;从可供千人同时使用的浴场,到图拉真市场建筑遗址群、巴拉丁山的建筑遗址群;从古罗马时期修建的离地

高约50余米的输水道,到四通八达的古道驿站;从中世纪的教堂,到古代遗存下来的最完整的建筑万神庙,无不体现古罗马帝国的伟大与建筑的经典,都为世人展现了一部活着的人类文明发展历史。

在这些历史建筑的遗迹中徜徉,你会透过一块块无声的石头或石头堆砌的建筑,感觉到金戈铁马的厮杀、攻城略地的残暴、先哲圣贤们的智慧和虔诚教徒的祈祷。无论是随意散落在草丛中的建筑石块,或是矗立在喧嚣闹市旁孤柱残垣的建筑遗址,它们虽经千年的残阳晓雪、冷风萧雨的消磨,却依然尽显凄美,在残缺中伸展着力度,展示着古典美的风范。而现代时尚的罗马生活与它们的融合,则犹如守伺圣哲临终之感,呈现在我面前的是一派庄严至极、平和之至的伟大与经典。建筑遗址的残缺之美,是来自自然而然的坠落、残毁和岁月的消磨?能够保持千百年不变的形态,是石质材料本身顽强生命力的作用吗?我们只要稍微了解一下古罗马的历史和罗马城内遗留的建筑遗迹,仔细观看那些建筑风貌上的犹如百结的疤痕,就会顿开茅塞。

譬如古罗马时代的角斗士场,尽管它历经千年而依然屹立于世,但这座原本石头垒砌的建筑,在不少的地方已出现了规整齐切的砖砌的墙体、柱子及呈半边的拱圈,有的石材的质地和颜色与原有的肌体呈现明显的不同；有的石材墙体或拱圈被粗大的铁件环箍加固，包括废墟中的残垣孤柱上也有不同材料的加固和维修，用以延长它们的生命。

罗马人把这种延长建筑生命的保护方式称为干预。这些干预都是他们在千百年间对历史建筑不断呵护的真实写照。他们早就把遗迹遗址看作是不可再生的文化遗产，一笔不可多得的无价财富。他们尽力使这些建筑在老去甚至死去的同时，能够获得另外一种形态的新生，并重新赋予其生命的尊荣，由此来提升当代人的生活品位，丰富人们的精神世界。

所以，无论它们的残落颓败或停留在死去的瞬间，或展示颓废的历程，或依然矍铄地健在，伴随它们的都不是残雪衰草中的遗弃和湮灭，而是尽量给其最大的生存空间，尽力地让其延年益寿，尽可能地让其有尊严地存在。

在悲哀的凄惨与悲壮的史诗之间，罗马人选择了后者。正因为有这些历史文化的存在，才点燃了文艺复兴的火炬，引发了整个欧洲的思想大解放，最终铸成了欧洲近代文明的史册。

工程实例考察

时至今日，意大利对这些历史建筑的修复，如同铸造这些建筑的建筑师一样，怀着同一种虔诚、同一种执着。保护和修复这些建筑，其脚手架一经搭设，往往就会存在数年，后人会认真排查建筑的肌体，研究劣化的对象，分析劣化的原因，制定保护和修复的措施。

当我相继走访和调查了几个正在修缮中的工程后，发现这些建筑工地相当规整洁净，基本不影响城市的风貌。这与他们以人为本、和谐共存的施工技术措施是分不开的。

就在梵蒂冈广场外向台伯河方向的一组正在修缮的建筑，当我远远望去时，根本没有发现是一个搭满脚手架的建筑工地，直到我从圣保罗宏伟的圣殿中走出，才看见建筑的另外一个立面出现一块不和谐的断面。那是一处正在修缮的建筑工地，只不过他们在立面脚手架上，按照修缮建筑的原貌，1∶1地彩绘喷涂复制了建筑的立面，所以远观时，依然是一个完整的建筑形状。

近距离地观察了这种防护措施后，发现这种防护在功能上经过幕布的遮挡，使立面在修复、清洗过程中形成的噪声、灰尘、污水和异味，得到了很好的隔离和屏蔽。在效果上，由于模拟了建筑立面原状的视觉效果，美化了建筑工地的形象，减少了视觉上的城市污染，因此类似工程的防护措施是非常人性化的，很值得我们借鉴。

当然，这部分彩绘喷涂由于本身材质和色彩等逼真、坚实的程度，其成本也是可观的，但建筑工程的成本不一定会增加。在调查中我们了解到，彩绘喷涂布的一端总会有一块醒目的广告出现，实际上他们的解决之道在于：广告商负责整个彩绘喷涂的制作、安装、维护的费用，其收益可以用广告的发布，形成一个良性循环和对冲，同时取得十分和谐的社会效果。

脚手架的搭设

罗马城旧建筑修缮的脚手架搭设，一般采用类似于我们的门式脚手架，脚手架与墙体的搭接节点采用挂钩搭接。事先在墙面锚固带有钢环的锚固件，与脚手架上的挂钩进行对接即可。这样做的作用是既可以减少对历史建筑墙面的损害，又能够避免在窗口内拉结带来的室内空间的侵占、影响室内办公的问题。因为国外很多建筑外墙面的修复，其内部一般都需要照常营业或工作。脚手架的每层在一定的位置，都有一块脚手板是活动的，可以折叠的，实质就是一个可以折叠的梯子。借助这个梯子，施工人员或体积小的物品就可以通过；同时作为脚手架上下的通道，是非常有利于施工作业人员的施工效率和施工安全的。而建筑材料的运输，通常会在顶部搭设一台很小的提升机，以吊篮的形式作为垂直运输的工具。这种方式占地空间非常小，但使用效率却很高。

脚手架防护网

脚手架上挂的防护网一般都呈白色，防护网也并不一定是新的，但肯定不会出现破洞或是烂网，显得整洁而完备。

一般在脚手架的最底部，会采用白色的彩钢板，或近似于我们的复合建筑模板作为维护结构。在临近街道的地方，他们往往在底部使用一种很宽的脚手架，形成一种钢结构的安全通道，并在脚手架上设置警示灯作为标志，也有在外围加注一圈黄色专用的围挡，同时在脚手架的每个立柱上套上1.8米高度的柔软塑料制品套筒，以防止行人因为碰撞而受到伤害。如果是普通的钢管扣件式脚手架，在扣件突出的部位，会安装专用的黄色塑料防护罩。借助这些措施，以保护过往行人的安全。

建筑材料的堆放

建筑材料的堆放，采用的是完全袋装化的方式，以减少粉尘对环境的污染。建筑垃圾严格执行分类，根据不同类型的垃圾采用不同的方式保障和运输。譬如块材很大的垃圾，采用袋装的方式运输；一般散装的垃圾，采用垃圾料斗传输的方式，从施工现场直接装进垃圾车厢内。垃圾料斗是一种塑料制品，一个个像没有底的水桶，呈上大下小的形状相套连接，可以达几层楼的高度，将散装垃圾直接装进密封的垃圾车,避免了二次装袋引起的粉尘,节省了施工时间和编织袋的成本。

宣传与展示

意大利同行采用对修缮建筑历史资料展示的方式,来说明建筑的修缮效果。把历史照片从古至今的顺序进行有序排列,修缮建筑的劣化状态、本次修缮的部位、修缮的试验效果及将要修缮的效果等图片一一展出,并配文字加以说明,这种方式使自己的工作思路非常明了,也使社会得到了解的机会,给予更多的理解和支持,同时也丰富了围挡的空白墙面,美化了建筑施工环境。

意大利人可以为了一睹历史建筑的残垣断壁而使车辆改道,为了一段历史的建筑废墟不受车轮滚滚的震动破坏而在路面之下加防震的橡胶垫,为了历史建筑的遗址保存而使城市中心大面积的黄金地段保留为国家公园。在意大利,只要是50年以上的历史建筑物,都会立档入册当作文物。

罗马的富有,可以使你无法读懂城市的时代感,可以使你迷失于千年的时空内。这些历史建筑犹如古罗马帝国皇冠上的珍珠,永恒地照耀这座古老的城市,而这种富足长存的财富是历史的创造和长年积累的合力硕果。

历史风貌区构筑物的风格再现

——河南路桥艺术风格的保留、保存和再生的技术方案

前　言

在城市可持续发展的今天，历史建筑和工业厂房、仓库已经越来越受到人们的关注，但对于那些一样维系了城市历史发展的构筑物，却往往得不到很好的保护。上海作为一个有着辉煌的近代工业文明的国际都市，城市的历史构筑物和历史建筑一样，是形成这座城市历史横断面不可或缺的组成部分，它同样可以帮助我们唤醒关于城市历史的记忆。时至今日，当这座城市的历史建筑已经引领了时尚，工业厂房仓库已经成为艺术的渊薮，那些曾经与历史建筑共存荣的构筑物，如烟囱、桥梁、水塔等工业时代留下来的标志，因其是针对当时当地的城市生活方式和技术手段所建造的，而终因无法满足现代城市功能的迁移和改变，没有受到人们应有的关注和保护，并往往在市政工程建设的"拆旧建新"中灰飞烟灭。如何将历史价值和现代功能有机地结合起来，在当下满足城市发展功能需求的前提下，延续这些构筑物和风貌区的历史风貌，采用"传承风貌、拓展功能"的"整旧如初、建新复原"的被动保护理念，要比"一拆了之、拆旧建新"更具有重要的现实意义。

一、改造背景

早在 2004 年，上海第一次全面系统地制订了苏州河桥梁规划方案。《上海中心城跨

苏州河桥梁的布局及景观研究》的新规划大纲，不仅将使苏州河上的桥在景观上更为和谐统一，还将在交通功能上进一步拓展。“桥梁的主要功能是交通，尤其像苏州河上的桥，横跨市区，连接南北，地位重要。”经专家实地考察论证，目前苏州河在上海全长53公里的河段上，共有29处31座桥梁，它们宛若天然的桥梁博物馆。但无论桥梁总数，还是单座桥上的车道数，都远远不能适应上海日益发展的交通需求。所以现今主要解决的问题是，力求完善苏州河桥梁的交通功能。

苏州河上东段的桥梁，从外白渡桥到西藏路，大都已是百年身，即始建于20世纪初期。乍浦路、四川路、河南路和西藏路桥，基本呈典型的欧式风情，与两岸建筑风格十分协调。在新规划大纲中，今后东段的桥梁仍以保持原有风貌为主，“整旧如初”；同时，规划新建的江西路、大田路、昌平路及拆老建新的福建路桥，将“建新如旧”。乌镇路、新闸路、成都路、恒丰路、普济路、长寿路等六座桥梁，则强调交通功能，桥体外部线条简洁明快。计划中的此路段，还将新建安远路、新会路、规划路、东新路和白玉路桥。新规划大纲要求下列桥梁需要整治改建，如昌化路、江宁路、西康路、宝成路、武宁路、曹杨路、校园路、凯旋路、中山西路3号桥等。“因为受限于那个时代的经济政治因素，所以桥型结构较为简单，造价也相对低廉。”另外，根据《上海中心城跨苏州河桥梁的布局及景观研究》，东段乍浦路桥、四川路桥、河南路桥、西藏路桥的桥梁应以“整旧如初”的方式保持原有风貌为主。

河南路桥之所以要拆除重建，主要有两方面原因，一是为2010年世博园区而建设的轨道交通10号线，将从河南路桥下的苏州河底穿越，为了确保盾构安全穿越，老河南路桥虽然是混凝土桥梁，但它的下部却密密麻麻地打了500多根木桥桩，没有一丝空间，而轨道交通10号线走向，恰好就在老桥投影线以下，群桩导致轨道建设的盾构无法穿行老桥，拆除重建势在必行；二是河南路的拓宽，原有的老河南路桥一直承担着巨大的南北车流压力，只有两来两往四条车道，现有老桥已不能满足今后的通行需求。

河南路桥地处外滩历史文化风貌区和苏州河滨河景观区内，其拆除重建受到众多的专家学者及市民、媒体等各方的关注。苏州河上众多风格各异的桥梁，是苏州河沿线的特色景观，也是历史文化风貌区内的重要组成部分。

如何使河南路桥的再生风格与周边的历史建筑风貌相协调，又能够满足市政交通的功能需要，是各方共同重视的课题。

二、河南路桥历史

河南路桥始建于1875年，距今已有100多年的历史。它原本只是一座木桥，名为“三摆渡桥”。除此还有个别名，叫作“铁大桥”，因为附近曾有一条通往吴淞口的铁路。那是中国的第一条铁路，1874年由一批英国商人瞒着清政府“悄悄”铺设，虽然铺设不足三年便被清政府“收归国有”，并随即拆毁，但时人却仍然把由老路基改成的道路（今河南北路）称为“铁马路”，将这座桥也称为“铁大桥”。再后来的1884年，桥的北堍建了一座“天后宫”，于是河南路桥有了一个更漂亮的名字：“天妃桥”，也称为“天后宫桥”。

这座由工部局改建、全长64.46米的混凝土悬臂挂孔桥，其中孔跨度达37.64米，高度5.6米，可以通行100吨的驳船，桥面限载15吨，极限可载重60吨。1946年，上海工务局在此桥上铺上了混凝土路面。1996年，河南路桥再次经过大修，换上了钢梁。

三、保护原则构思

上海河南路桥由于市政轨道10号线的开发而将在原址拆除重建，新桥比原桥升高1.6米，原宽18.2米改为29米，桥长64.65米变为111.5米，原三孔桥变为五孔桥……对于这样一座处于苏州河外滩风景区、极具艺术特色的老桥在重建过程中，更应注意与风貌区的协调和原桥风格的重生，包括将原桥建筑构件整体移植重组，恢复原老桥的装饰美学的风格体系。移植保存的古迹，如能赋予更丰富的新生命而加以再利用，将更具意义。就河南路桥再建风格重生的策划思路是：“将老桥转换成另一段生命的开始”，其主要措施是将桥眉上32朵直径400厘米、造型各异的混凝土雕塑莲花，四个3000厘米高、1000厘米宽的带有绶带莲花纹样的混凝土桥座，以及6＋1个宫灯组成的四组灯杆、灯座，在保护方案中考虑数字化复制和整体切割，部分原物镶嵌在新桥可以近距离观赏的适当位置，留存铭牌文字介绍，以延续老桥的艺术生命。而四个灯座和灯杆作为城市发展的见证物，宜整体送入市政博物馆留存展示。所以，将所有移筑古迹结合规划，成为同一保存区，不但使将消失的古迹获得重生，也因其注入了新的理念而得到活用。

四、重点保护对象分析

历史建筑保护主要是保护其有特色的建筑构件和装饰构件，在本工程中作为构筑物的桥梁建筑，河南路桥是典型的欧式风格桥梁，桥体线形优美流畅，桥身细部刻画丰富，桥梁整体与该段苏州河两岸的建筑风格十分协调。如何保留河南路桥的历史元素，是这次重建工程的重要工作内容。

也由于这是一座未被列属为保护范畴内的百年历史老桥，因而此次保护方案将参照上海近代历史建筑两类保护建筑的条例，以“再生外观历史风貌，保留桥梁特色装饰”为标准，以期达到“整旧如初、建新复原”的效果。在新建桥外观效果中，重点考虑保留原有桥梁的外观风格和历史风貌特色。将原桥梁具有特色的装饰构件应用到新建桥梁上，目的在于更多地保存原有的历史信息；采用整体切割的方式，将原桥梁花饰、灯柱等标志性外观构件安置在新建桥梁上；其余线条采用三维激光扫描技术，与新建桥梁同比例放大复制，使新桥的风格与老桥保持一致性。

五、河南路桥风貌的再生理念

苏州河上众多风格各异的桥梁，是苏州河沿线的特色景观，也是历史文化风貌区内的重要组成部分。城市的发展，市政的改造，是经济发展的必然趋势。如何使这些桥梁在现今的条件下，获得保留和再生呢？事实上，政府主管部门、投资方、管理方及设计施工方早已改变了过去那种简单拆除重建的概念，在保存河南路桥的艺术特征和风貌的过程中，我们引用国际文化遗产保护“再生”的理念，使其达到历史与现代共存、风貌和功能并举的效果。河南路桥的造型延续和艺术装饰再生将是国际再生理念应用的典型案例。

六、河南路桥具有文化特征的现有构件调查原则

根据上海市政府关于《历史文化风貌区和优秀历史建筑保护条例》，河南路桥装饰再生修复计划都应受到保护专业知识层的评估，同时对构造物特征和历史价值元素的有效性进行论证。修复的过程乃是一项高度专门性的工作，河南路桥再生的每个步骤都要遵循国际、国内和地方相关法则，避免装饰再生过程中造成文化价值的缺失。

再生(rehabilitation)一词有更新修护的意义，可包含“保留”“保存”“保护”“修复”“修缮”“替换”“增建”等理念，因此应“历史性建筑”不同使用的修护、复建，会有不同的再生手法。(引自国际古迹保护与修复宪章《威尼斯宪章》)

河南路桥具有文化特征的现有构件分布调查表

序号	位置	数量	保留内容	再生方案
1	河南路桥位于苏州河历史风貌区河南路区段内，始建于1875年、距今已有131年的历史。	1座		1. 取其特色 2. 留其风格 3. 协同环境 4. 特色构件整体移植、脱模仿真复制。
2	河南路桥北面东侧，桥面胸墙(栏板)位置。另一处同样的文字，在桥南面西侧桥面胸墙(栏板)位置。	2处		“河南路桥”桥名处转角位置不做整体保留； 字体造型可以脱模保存。
3	河南路桥两侧胸墙(栏板)位置。共有七盏灯形制的四根。	4个		1. 因桥身的比例关系，拟采用复制风格保留 2. 保留原有四根灯柱。
4	河南路桥两侧胸墙(栏板)位置。一盏灯形制的四根。	4个		1. 因桥身的比例关系，拟采用复制风格保留 2. 保留原有四根灯柱 3. 新增16根灯柱。
5	河南路桥两侧胸墙(栏板)位置，与栏板连体，共有七盏灯形制的四个柱座，分布在桥的中间部位东西两侧。	4个		1. 脱模复制风格保留； 2. 局部文字编号切割保留； 3. 保留原有4个灯座。
6	河南路桥两侧胸墙(栏板)位置，与栏板连体，一盏灯形制的四根柱座，分布在桥南北两端东西两侧。	4个		1. 脱模复制风格保留； 2. 局部文字编号切割保留； 3. 保留原有4个灯座； 4. 新增16根灯座。

续表 河南路桥具有文化特征的现有构件分布调查表

序号	位置	数量	保留内容	再生方案
7	分布在桥东西两外侧，贯穿桥身的腰线上，每个2米远一个圆形的精美花饰雕刻。	4个		1. 拟保留现有40个，其中有12个为后期复制件 2. 由于新桥梁长度42个样式各异； 3. 整体切割保留40个。
8	分布在桥南北两端东西两外侧的灯柱下方，圆形彩结飘带组成的精美花饰雕刻。	40		1. 拟保留现有4个； 2. 新增复制16个。
9	分布在桥南北两端东西两外侧的灯柱下方，彩结飘带组成的精美花饰雕刻。	4个		1. 拟保留现有4个 2. 新增复制4个。
10	分布在墙面每个灯柱的下面，英文字AMPSFJ.25-31因为路灯的编号。	4个		1. 拟保留现有4个。
11	桥墩造型主要位于桥梁中跨的东西两侧。	4个		1. 拟保留现有4个； 2. 新增复制4个。
12	桥面两侧线条造型，主要位于桥梁两侧的栏板和桥拱表面。栏板的压顶及腰线。	3000平方米		1. 拟脱模复制现有桥梁线条、压顶及腰线； 2. 根据新桥尺寸同比例相应变化。

七、河南路桥原始灯柱的变迁

纪念建筑中所有时期明确的贡献都应该被尊重，因为式样的统一并不是修复的目的。当一栋建筑或构筑物包含有不同时期累加的历史层理时，去除部分不重要信息，使之显露出来的某时期的材料具有历史、考古或美学价值，保存展现各时期状况良好的历史层理《雅典宪章》(第十一条)，它将是最完美的。河南路桥在历史的各个时期，也相应地发生了历史风貌的变迁。右图，1924 年工部局的早期图纸与目前的灯柱相似而不相同，80 年代前安装的灯柱与现代的及原工部局图纸更加不同。现有灯柱仍具历史信息和美学价值，值得尊重和再生。

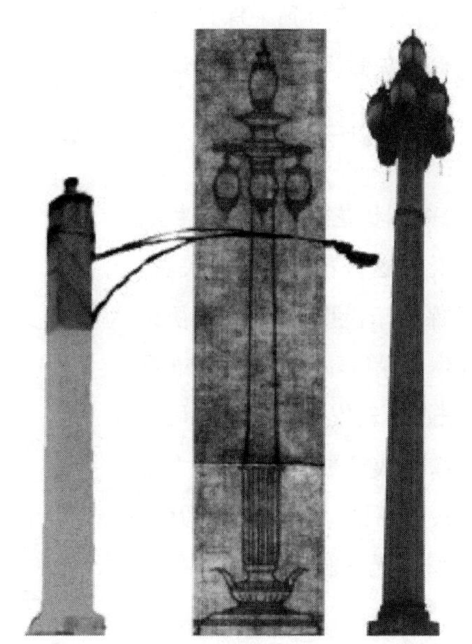

20 世纪 80 年代　20 世纪 20 年代　现在　20 世纪 20 年代　现在

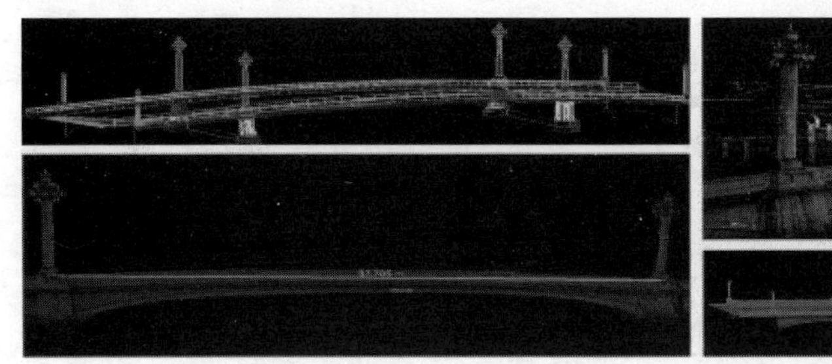

八、河南路桥重生技术

河南路桥重生技术之一：三维立体激光扫描测量。

国外三维立体激光扫描仪在历史建筑保护方面的应用已经有 4~5 年的时间，上海的一些科研院校也正在考虑这项技术研究应用。在去年 12 月 6 日的凌晨 1:00~6:00（河南路桥交通流量处于最少的时间），上海市建筑装饰工程有限公司相关技术人员对河南路桥实施了上海第一个真正意义上的 3D 工程扫描，真实的扫描数据信息在临时便桥没有遮挡试通前得到了保存。为后期对原始桥的 CAD 图纸合成、矢量考证、虚拟图像编辑、数字工程等方面的应用，留下了宝贵的数据资料。

河南路桥重生技术之二：原装饰浮雕构件拓模技术。

原河南路桥两侧精美的莲花状花瓣和彩带球状花饰代表了桥的年代和环境文化。这些花饰是桥的灵魂。我们必须采用精确、安全、环保的拓模技术，以保证桥梁的建筑艺术和风貌特征的再生。绿色环保 BRC-205# 系列模具胶是目前国际上采用较多、较安全可靠的专用材料，可直接刷、涂、喷（注：喷涂时成模更快，适用于大型模具成型制作），具有成模快、耐腐蚀、耐老化、拉力强、不变形、收缩率小、抗冻、不粘模、无须脱模剂、固化剂等优点。广泛应用于古建筑复杂浮雕拓模、环境雕塑、欧式饰件制模及文物复制等领域。

※ 石膏脱模　　※ 硅胶脱模

河南路桥重生技术之三：特征构件整体切割和整体复原。

部分保留现有河南路桥具有经典艺术和历史价值的装饰构件，采用整体切割和整体复原安装，是实现“再生”该工程重要的技术手段。采用切割面光滑、不扰动保留体、噪声小、无污染的链式切割技术，能够确保特征构件的施工安全。整体复原以前的特征构建，在经过切割、打包、异地仓储、清洗修复、整体加固后，通过锚栓焊接的方式重新整体安装在新建桥体上，以展示它的旧姿新颜。

河南路桥重生技术之四：花饰构件拓模和 GRC 复制。

大多数的文化遗产会随着时间的改变而改变。某些能够适时显现出建筑物时代风貌的变迁特征，必须被保留与保存。历史性建筑物反映当时设计者的意图，均有建筑设计的高水平与艺术价值。重生时必须尊重当时构思的必要内容，对匠心的尊重与新价值的创造，亦可因修改产生新旧要素的融合，使之产生新的艺术的价值。

河南路桥重生技术之五：原貌构件分解与恢复。

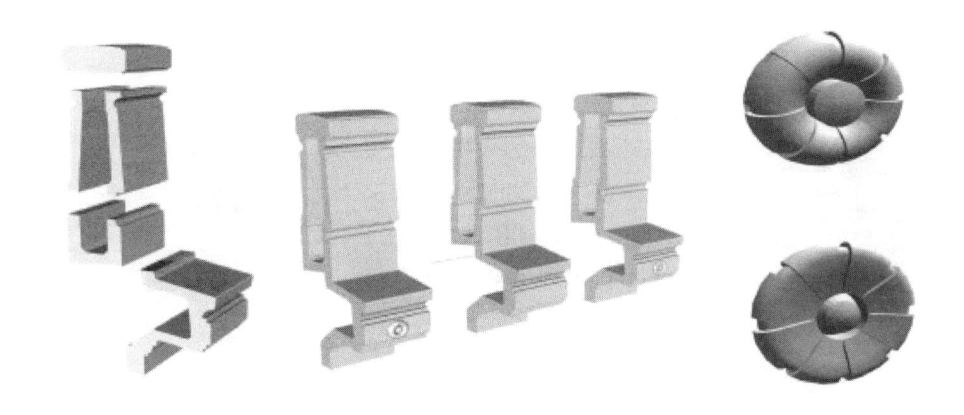

《雅典宪章》第七条描述：修复工作可以使用现代技术与材料保存，关于保存对象物宜考虑其原来之形态、材料、技法等，所以要了解其保存价值何在，其范围或要素等均有了解的必要，可能更新部分与应保留的要素宜以简单明了的方式表示出来，对嗣后之保全或再改修均有帮助。

河南路桥重生技术之六：装饰构件抗震式背栓连接、二次灌浆浇筑。

装饰构件抗震式背栓连接方法：连接锚栓采用锥体锚杆，外设有抗震缓冲装置，并带有定位柱体带抗震垫，具有抗震无应力的能力，可以起到缓冲车辆行驶桥梁振动的作用。二次浇筑安装的方法：采用H系列无收缩灌浆料，H系列灌浆料是一种以水泥为胶结材，配以复合外加剂和特制骨料，现场加水搅拌后即可使用，具有无收缩、大流动性、高强特性的专用灌浆料。桥梁一次浇筑结构部分预埋拉结筋，二次浇筑线条构件采用玻璃钢模，H系列无收缩灌浆料一次成形。

河南路桥重生技术之七：仿清水混凝土涂装技术。

涂装底漆：底漆主要是对基层进行平滑处理，提高涂料的附着能力，并封闭基层，防止水泥泛碱现象。涂装工艺：水性硅胶泥整体修饰批嵌，以解决结构混凝土局部漏浆、蜂窝、麻面、模板接口、装饰，构件安装公差

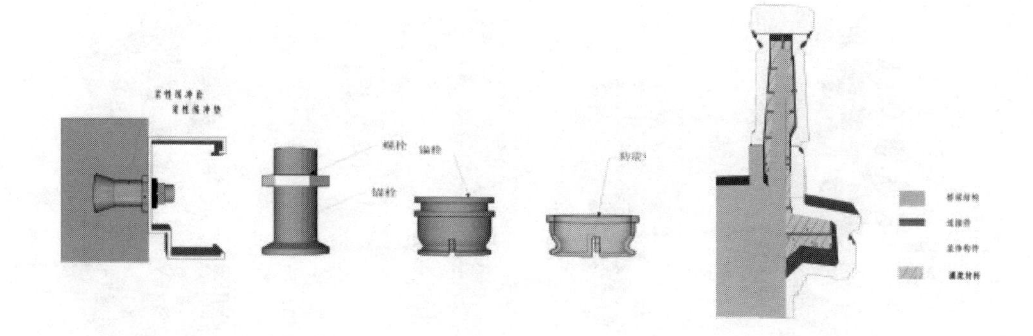

等瑕疵。水性 ACRYL60 着色剂，是全面体现混凝土纹理、色泽、防水保护的关键中间涂层。面漆采用水性氟碳系列，是体现清水混凝土原色及质感重要的透明保护面层漆。面漆采用无气喷枪喷涂，可以保证大面的颜色均匀一致，确保清水混凝土装饰质量。涂装后效果：整体涂装以后桥的清水混凝土模板肌理清晰，新旧构件浑然一体，整体色调与周边老建筑环境相吻合。

仿清水混凝土涂装技术耐候性比较：仿清水混凝土底漆具有渗透性能，既能有

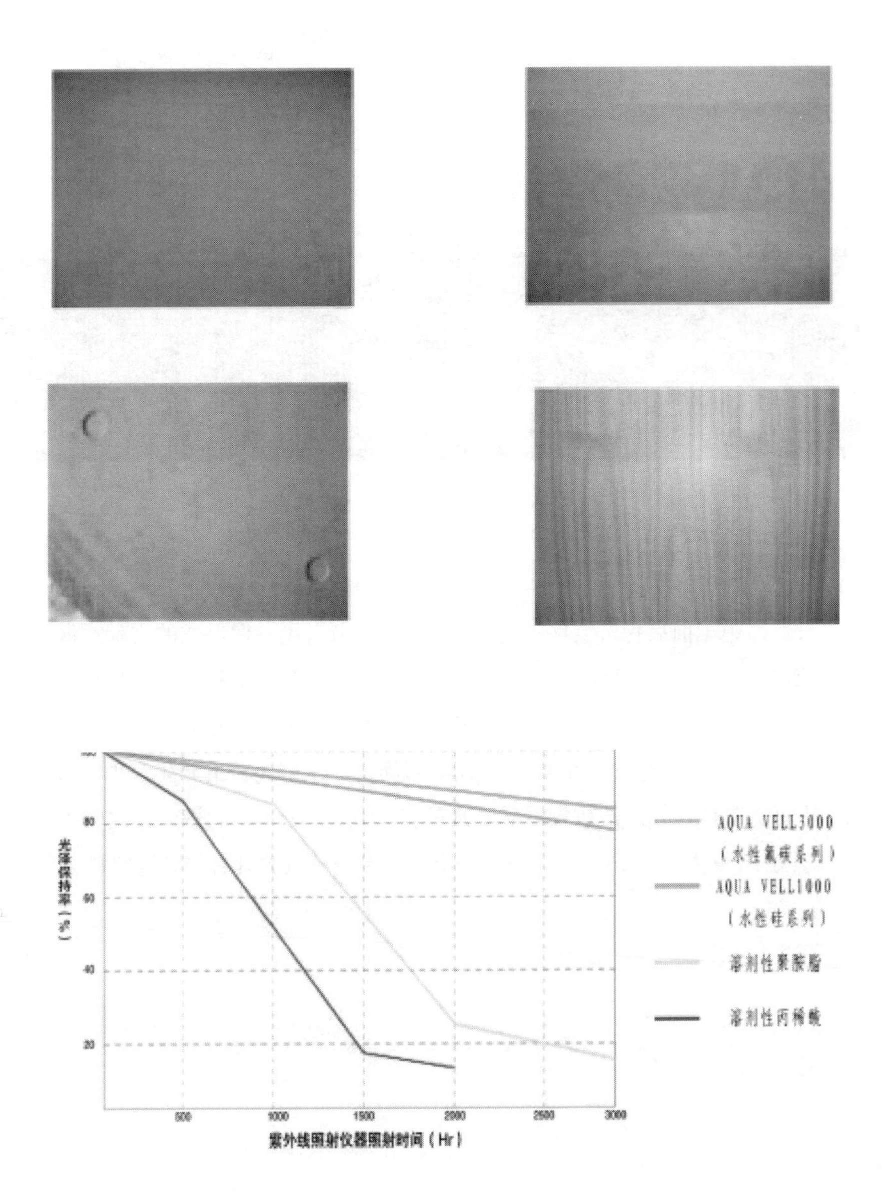

效地防止清水混凝土出现泪痕状，又能在混凝土的内部形成防水层，如同在修补材中加入了专用防水剂。而性能卓越的“水性氟碳透明面漆”，更是能在混凝土表面形成致密憎水保护层，不但能有效地防止风吹雨打，而且能防止紫外线及酸雨对 GRC 装饰构件的侵蚀，耐久性可达 15~20 年。

九、河南路桥数字工程开发和应用的建议

设计、施工前后保存真实的记录，包括历史和当代一切形式的文献。保护每一个程序详细的档案。利用已经取得的新、老桥 3D 扫描点云数据和具有近百年历史的工部局设计蓝图以及河南路桥老照片，用数字工程技术来赋予更丰富的 3D 虚拟检索功能，不但使将消失的河南路老桥获得重生，更使苏州河上三十多座桥的新生命加以数字工程再利用，从而创造具有苏州河桥发展和变迁的博物功能，注入新的理念使之转换成另一段生命的开始，对上海的市政工程建设在城市文化保护领域更具有前瞻性的意义。

和平饭店保护修复技术实践与应用

和平饭店北楼坐落在中山东一路20号，建于民国十五至十七年，是新沙逊洋行在其5层楼的西式房屋旧址上建成的。落成后定名为沙逊大厦（今为和平饭店北楼），是全国文物保护单位，也是上海近代外滩建筑组群的优秀建筑之一。

一、工程概况

1. 工程基本信息

工程名称：和平饭店修缮与整治工程。

工程范围：底层及夹层公共区域，八层和平厅、龙凤厅、扒房、拉里克廊、电梯厅区域。

保护属性：国家级重点文物保护单位。

项目地点：上海南京东路20号。

2. 建筑历史基本信息

建筑名称：沙逊大厦（原名）、和平饭店北楼（现名）。

建造时间：1926年4月—1929年5月。

占地面积：4617平方米。

建筑风格；装饰艺术风格。

建设单位：新沙逊洋行。

设计单位：公和洋行。

设计师：建筑设计威尔逊、结构设计巴罗。

施工单位：新仁记营造厂。

3. 建筑历史概况

沙逊大厦采用的是当时美国流行的芝加哥学院派的设计手法，从体形、构图，到装饰细部，都已大幅度简化。顶部19米的墨绿色方锥体，是外滩建筑的历史转折点，它标志着外滩建筑风格开始从新古典主义，向装饰艺术派的转变。

大厦占地共4 622平方米，建筑面积36 317平方米，建筑平面呈A字形，由英商公和洋行设计，新仁记营造厂承建。钢框架结构所用钢料均由英国伦敦道门钢厂出品。在吊装钢构件时不另搭脚手架，建筑工人站在钢架上冒着危险一同起吊，送到安装的节点上进行工作。大楼标高77米，地上部分13层，地下1层。外墙除9层及顶层用泰山石面砖外，其余皆用花岗石砌筑，是外滩第一座用花岗石做外墙饰面的建筑。立面用垂直线条处理，线条简洁明朗。腰线及檐部处饰有花纹雕刻，大厦以东面做主立面，主屋顶部耸立一座19米高的方椎体瓦楞紫铜皮屋顶，表现了从折中主义向现代式建筑过渡的特点。

二、保护修缮要求及依据

上海和平饭店北楼是全国重点文物保护单位——“外滩建筑群”的重要建筑，其立面、结构体系、基本平面布局、空间格局和有特色的内部装饰不得改变，其他部分允许改变。具体重点保护内容如下：

1. **外立面保护重点**

东立面、南立面、北立面及方锥体塔楼。

2. **内部重点保护部位**

本篇只涉及"一层整体保护(含外滩及南京路入口门厅,饭店大堂及其夹层,玻璃顶棚走廊、酒吧等)。八层和平厅、龙凤厅及其前厅等特色装修(含老艺术墙裙、浮雕玻璃门等)。每层原有楼厅、电梯间及其装修。外贸商场的原有空间格局及八角玻璃天棚。

拆除和平饭店北楼建筑中历年来未经批准的屋顶搭建,对南立面进行整治,恢复中国电信公司和外贸商场原有空间格局,拆除外贸商场的夹层和中国电信公司的内部搭建,恢复历史原貌。

修缮后的和平饭店继续延续酒店使用,原有布局及使用功能基本保存不变。

3. **保护修复依据**

(1)法律法规。

《中华人民共和国文物保护法》(中华人民共和国主席令第76号)。

《中华人民共和国文物保护法实施条例》。

《文物保护工程管理办法》(文化部第26号)、《中国文物古迹保护准则》《国务院关于加强文化遗产保护的通知》《上海市历史文化风貌区和优秀历史建筑保护条例》《优秀历史建筑修缮技术规范》(DGJ08-108-2004)、上海市消防局《建筑工程消防设计的审核意见书》。

(2)有关设计文件和图纸。

工程施工《招标文件》、上海市文物管理委员会文件、沪文管发(2007)398号。

三、保护修复原则与方法

1. 保护修复原则

（1）完整真实的原则。修缮之前必须对历史建筑做全面深入的研究，包括细致地测绘、搜集原始图档、资料、照片以及媒体报道等，力求全面把握其完整的历史和风貌，从而在修缮过程中真正做到原汁原味、真实有据。

（2）可识别性的原则。充分尊重历史建筑的历史原状，慎重对待文物建筑的历史缺失和历史增建。既应尽量保留前者，又要使后者与原状保持相当的可识别性。

（3）可逆性的原则。限于历史资料和认识方面的局限，因此所有修缮工作均不应直接损害历史建筑本身，均应可以撤除，以便今后更科学和完整地修缮。

（4）可读性的原则。保留历史建筑的可读性，是延拓历史建筑文化价值的重要工作，发掘历史建筑历史故事，尽量保留历史建筑的材料、部位和施工及安装方法，是保证历史建筑可读性的重要工作。它将促使更多人了解历史建筑并自觉地参与到社会性的历史建筑保护工作中去。

（5）恢复原有使用功能的功能再生原则。恢复原有使用功能并使历史建筑重新发挥使用效益和社会效益，是保护历史建筑，延续历史建筑生命的重要方法和原则。

2. 保护修复方法

在对本项目深入调查研究后，我们在本次修缮施工中提出以下历史建筑保护的方法。

（1）原样保留。原样保留主要用于文物建筑的保护，不改变其任何方面，但不排除对其采用外加防护措施和不妨碍本来面貌的清洗工作。主要是墙面石材等。

（2）按原样修复。用同幢建筑不同区域的同样材料进行按原样的修复文物建筑上某些极小的缺失和损坏，或是严重影响历史面貌的污渍，以还其本来面貌。主要是石膏制品等。

（3）按原样恢复。指将文物建筑现状中形式保留完整、历史资料全面性，但建筑材料严重变形或腐烂残毁的部分，经过现场实测或是根据充分的历史图档依据，进行完全按原样的恢复。主要是大理石地坪、部分石膏吊顶等。

四、保护管理技术措施

和平饭店北楼一层及夹层装饰修缮工程涉及的保护区域保护对象众多，在具体的装修修缮施工实施过程中，确保保护区域内保护对象的安全也是格外重要的工作。特别是一些较为贵重的五金件和铜饰制品，要防止在施工过程中的无意损坏和人为损坏或破坏，对可以拆下进行保护的构件先予以拆除加以保护以防损坏，到最后再安装恢复原样。拆除和施工前对保护区域内保护对象的保护措施要做到位,是确保这些保护对象安全的关键之一。

1. 工人保护意识的培养

针对本工程的特点,所有施工人员首先必须对保护建筑有正确的态度,必须本着保护建筑历史价值的原则进行,必须体现文物保护的意识,各级人员一旦发现了有保护价值的文物级部分应该及时上报并做临时保护和记录。

2. 防护技术措施

(1)视频监控。对于本施工区域的文物保护,由于工程项目的施工队伍多、专业工种多等特点,靠传统的方式无法对文物部分进行有效的保护,应采用视频监控,可以做到"监、控、查、管"的效果。因此,视频监控系统是我们对文物建筑保护修复的重要手段之一(视频监控布置图:详见平面布置图)。

(2)保护登记表。保护部位及部位的安全防护,分现场防护和仓储防护,详尽地登记技术措施,可以使我们清晰地掌握保护数量、位置、包装、劣化状态等情况,是这些部品的保护防护回归原位置的必要保障。

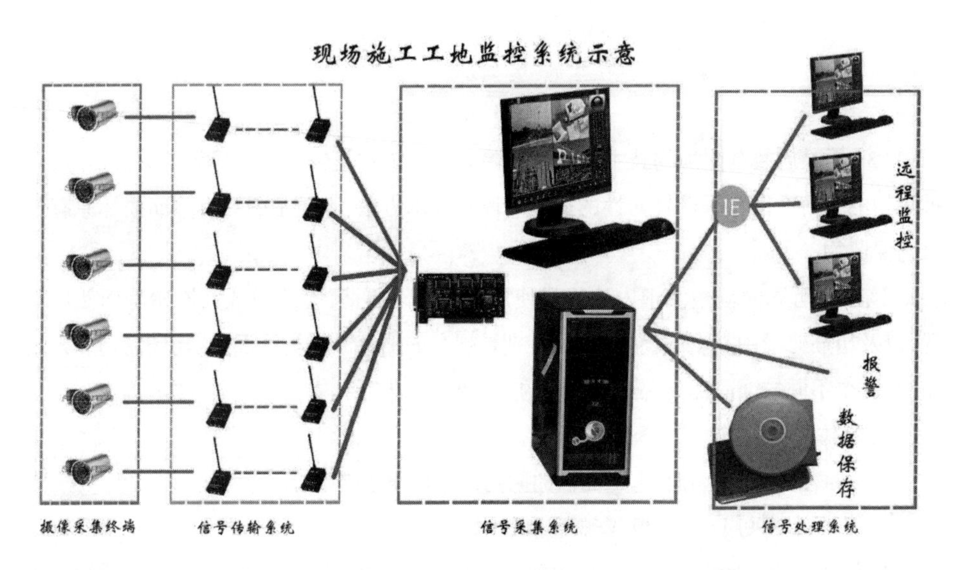

※ 视频监控布置图

序号	编号	名称	照片	原位置坐标	保存状态		
					部件状态	存放位置	保护措施
1	1#	落地灯		2-10/2-H(电梯厅)	数　量：1#—1件、2#—1件 完好程度：完好 √ 有缺损 □ 严重缺损 □ 保存方式：异地保护 □ 原地保护 □ 移交保护 √	保存地址： 业主 □ 项目 √ 原地 □ 装箱编号： 保存编号：1#、2#	装箱： 木箱 □ 软垫 □ 轻放 √ 防潮 √ 防腐 √ 防火 □ 原地： 阳线 □ 覆盖 □ 监控 □ 防潮 □ 防腐 □ 防火 □
	2#			2-11/2-H(电梯厅)			
2	3#	空调出风口		2-M/2-14~2-18(东门走廊)	数量：3#—7片、4#—4片 完好程度：完好 √ 有缺损 □ 严重缺损 □ 保存方式：异地保护 □ 原地保护 □ 移交保护 √	保存地址： 业主 □ 项目 √ 原地 □ 装箱编号： 保存编号：3#、4#	装箱： 木箱 √ 软垫 □ 轻放 √ 防潮 √ 防腐 √ 防火 □ 原地： 阳线 □ 覆盖 □ 监控 □ 防潮 □ 防腐 □ 防火 □
	4#	空调出风口		2-E/2-14~2-18(东门走廊)			
3	5#	三五牌盒时钟		2-11~2-12/2-Q~2-P(原总服务中心)	数量：5#-1件、壁灯1套、吸灯1套 完好程度：完好 □ 有缺损 √ 严重缺损 □ 保存方式：异地保护 □ 原地保护 □ 移交保护 √	保存地址： 业主 □ 项目 √ 原地 □ 装箱编号：5#、6# 保存编号：5#、6#	装箱： 木箱 √ 软垫 √ 轻放 √ 防潮 √ 防腐 √ 防火 □ 原地： 阳线 □ 覆盖 □ 监控 □ 防潮 □ 防腐 □ 防火 □
	6#	蝙蝠型壁灯		2-12~2-13/2-M~2-Q(原总服务中心) 2-92-102-M~2-P(原饰品店)			

（3）拆除后装饰附加物技术附表。拆除后期装饰物是恢复历史风貌的关键措施，对拆除物的了解有助于采取针对性的拆除手段和技术方法，不至于因为拆除而损坏原有建筑的保留物。

该建筑历届内墙整修中内墙材料使用情况记录不清，无从考证其原始墙面使用情况，以及历届修缮中材料的使用情况，特别是现存的油漆涂料类饰面，从现场的初步判断来看，各个不同的饰面都具有不同层次的历史层理。

3. 具体保护措施

（1）原柱身、石材墙面、木饰面墙的阳角及楼梯阳角踏步。

a. 保护材料采用：竹胶板、塑料膨胀、木螺丝、油漆。

b. 保护措施：保护好的部位在达到要求前，不能上人施工及行走。保护后的原有大

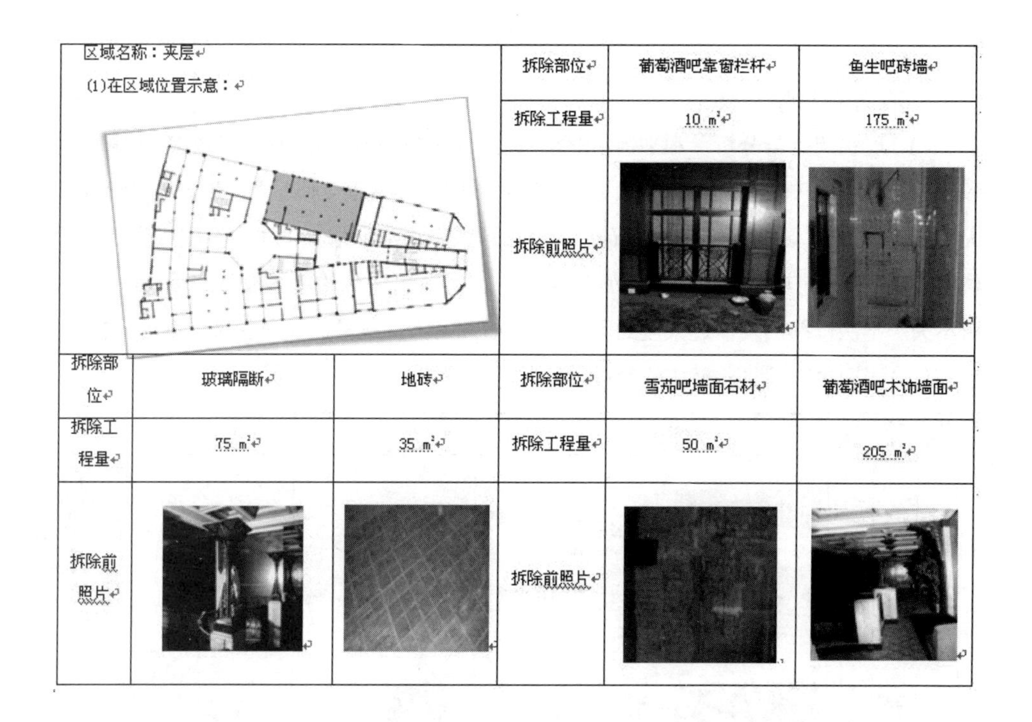

区域名称：夹层 (1)在区域位置示意：			拆除部位	葡萄酒吧靠窗栏杆	鱼生吧砖墙
			拆除工程量	10 m²	175 m²
			拆除前照片		
拆除部位	玻璃隔断	地砖	拆除部位	雪茄吧墙面石材	葡萄酒吧木饰墙面
拆除工程量	75 m²	35 m²	拆除工程量	50 m²	205 m²
拆除前照片			拆除前照片		

理石墙面、木饰面墙，在大角、门窗洞口的阳角木板做好护角不低于2米高，在下道工序施工中要注意保护，不要碰撞，以防掉棱掉角。楼梯踏步阳角要用木板或其他材料做好阳角保护。

（2）原有顶部天花花饰。

a. 材料采用：塑料布、塑料膨胀、木螺丝。

b. 保护措施：保护好的部位在达到要求前，不能进入该区域施工；原有顶面保护后，如在施工过程中遇有彩条布脱落，则应立即恢复；受保护墙面须张贴特别警示，以防工人误操作；

（3）门、窗保护。门窗框，外露的阳角部分（两面）贴放10mm木板遮盖，木板下衬塑料薄膜。

五、保护修复技术

1. 石膏制品修复技术

（1）现状调查与分析。和平饭店北楼一层及夹层石膏造型天花形式较多，可谓丰富多彩，是本次保护修缮的重点内容之一。除大楼底层公共卫生间区域、夹层雪茄吧区域无石膏造型天花、爵士吧区域的原石膏造型吊顶被下面后期增加的木梁金属吸音板天花覆盖外，其他不同功能区域都有石膏造型天花。大面积涂饰的色彩被后期重新涂饰，面目尽失。本次修缮回复沙逊大厦的历史风貌，必须对大面积的涂饰色彩做详尽的分析。

（2）表明色彩、肌理、材质的分析（见下表）。

序号	试验内容	分析对象	所在区域	现场分析		设计要求		建议
1	标样一	石膏天花各种面层材料	书房二楼	现 状  剖 开 	形　　状：绞丝 颜　　色：粉色、金色、白色 基层材质：石膏 面层材料：油漆 油漆层数：2层 依次颜色：石膏、淡黄、金色（内往外）	 PT7　PT5　PT6	形　　状：绞丝 颜　　色：PT7、PT5、PT6 基层材质：石膏 面层材料：油漆 修复方式：原样修复	该部位以上有结构吊顶，该层吊顶为后期二次吊顶，但从材质分析，应具有较长时期的建造历史。 建议尊重原来的风貌特征
2	标样二	石膏天花各种面层材料	书房二楼	现 状  剖 开 	形　　状：平板 颜　　色：草绿 基层材质：石膏 面层材料：油漆 油漆层数：2层 依次颜色：石膏、淡黄、草绿（内往外）	 PT6　PT5	形　　状：平板 颜　　色：PT6、PT5 基层材质：石膏 面层材料：油漆 修复方式：原样修复	建议尊重原来的风貌特征
3	标样三	石膏天花各种面层材料	书房二楼	现 状  剖 开 	形　　状：平板 颜　　色：白色、粉红 基层材质：石膏 面层材料：油漆 油漆层数：3层 依次颜色：石膏、淡黄、金色、粉红（内往外）	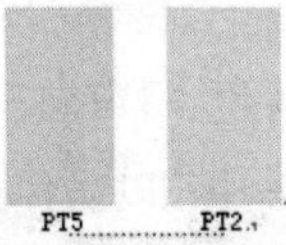 PT5　PT2	形　　状：平板 颜　　色：PT5、PT2 基层材质：石膏 面层材料：油漆 修复方式：原样修复	建议尊重原来的风貌特征
4	标样四	石膏天花各种面层材料	书房二楼	现 状 	形　　状：平板 颜　　色：草绿、粉红 基层材质：石膏 面层材料：油漆 油漆层数：2层 依次颜色：石膏、淡黄、草绿（内往外）	PT8　PT5	形　　状：平板 颜　　色：PT8、PT5 基层材质：石膏 面层材料：油漆 修复方式：原样修复	建议尊重原来的风貌特征

（3）劣化状态。由于目前对机电安装、消防设计缺乏了解，故本方案暂时不考虑它们对天花整体修缮的影响，只根据现场及设计文件中的现有图纸考虑对石膏造型天花的复制或修缮。底层糕饼区域、书店区域、接待大厅接待处、礼宾处区域、大堂休闲廊左侧区域部分因石膏吊顶区域损坏严重或考虑吊顶内安装管线的走向，已无法对原吊顶进行原样修复，故考虑对原天花进行整体性复制修复。底层公共卫生间、夹层雪茄吧按设计新做吊顶，对其他区域保存较为完好的原石膏造型天花只进行原真性的保护性修缮。详见下面底层与夹层天花新做、整体复制及修缮分区图表。

对石膏线条劣化分析表：

主要劣化	图片	问题产生的原因及处理方式
顶面石膏花饰已大面积脱落、损坏		没有注意保护造成石膏花饰的损坏，或渗水造成石膏花饰大面积发霉、酥松、破损。 须进行整体切割后，整体仿制复制。
局部顶面石膏花饰已损坏		没有注意保护造成石膏花饰的损坏，或因年代久远，石膏构件已局部风化、脱落。 须进行局部切割后，采用局部性仿制复制的方法修复。
彩绘吊顶色彩暗淡，局部彩绘起皮、风化、破损		由于矿物质颜料风化造成的颜色暗淡。表层收缩开裂、人为损坏造成彩绘层起皮、破损、脱落。 起皮、破损、脱落部位铲除修复后，由专业工匠重新绘制彩绘。 本次修缮根据对历史涂层的分析，恢复其历史年代最辉煌时期的风貌。
石膏吊顶局部涂饰表面起皮、风化、破损		由于年代久远，原涂料耐久性较差，涂饰层表面风化，表层收缩开裂造成涂饰层起皮、脱落。 起皮、脱落部位铲除至基层，由专业油漆匠采用现代优质涂料重新批嵌、涂刷。

（4）修缮手段。

a. 对原石膏造型天花进行整体性复制修复。按照原有风格、样式，采用石膏制品相近的材料、仿制花饰石膏吊顶和石膏线条、柱帽。主要针对原石膏制品的现状处于大部分破损、呈千疮百孔状态、饰面发黑、霉变，构造牢固性能较差的严重损坏的石膏制品。

b. 对原石膏造型天花进行局部性复制修复，对于中度损坏的石膏造型天花，对局部损坏严重的部位采用局部性复制修复，对于轻度损坏的石膏花饰采取就地修补法；对于松动的石膏花饰，须小心地卸下，整理清洗后，重新安装；对于基层损坏的石膏花饰，应小心取下，待基层修补后重新安装；对整体构造完整性保存较好、轻微损坏的原石膏造型天花采取就地修补法。

※ 和平厅图饰修复

※ 石膏脱模

※ 硅胶脱模

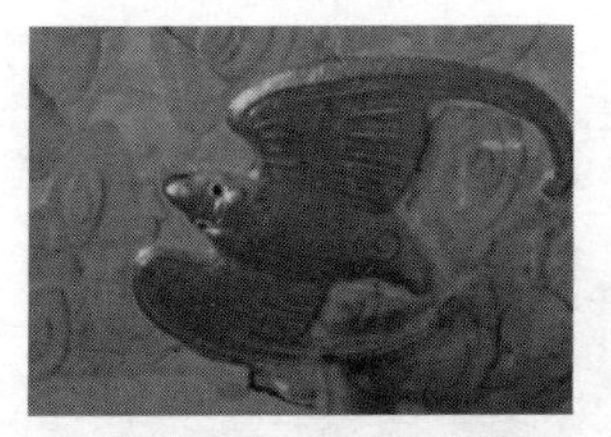

※ 龙凤厅彩绘吊顶劣化状态

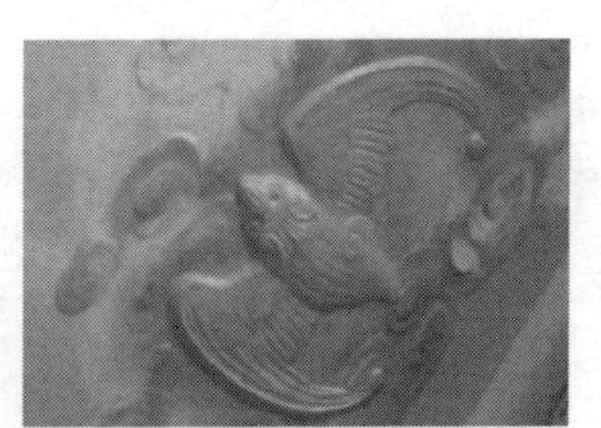

※ 龙凤厅彩绘吊顶修复状态

※ 底层东走廊修缮前

※ 底层东走廊修缮后

2. 室内木制品的修缮

（1）现状分析与调查。对大楼一层及夹层所有需要保护性修缮的木制品的现状进行分析和调查，包括木门扇、木门套、木护墙板、木护壁板、木门框、木窗框、木窗、木家具等。仔细检查所有室内木制品后，确定须按原样复原重做的部分，须整修的部分，须修补和须重新打磨的部分，并在必要的部分使用材料防腐剂。调查所有的木饰面，找出造成其损坏、腐蚀、脱落的原因。（白蚁、变形、漏水、人为破坏等）消除造成木制品损坏的隐患，施工前请专业防治白蚁公司检测、防治，对白蚁进行杀灭，消除漏水等。

（2）室内木制品的修缮技术措施。

a. 数码留档及现场测绘。对原有室内木门扇、门框、木台度、木栏杆等，进行编号、拍照、立案处理。在现场用卷尺、三角尺等测量各部位形状尺寸，掌握原始数据，并用数码成像技术结合测量数据，通过计算机 AutoCAD 软件系统对所有花饰的数据复原，绘制成立面、剖面图。

b. 绘图成形。对原有室内木门扇、木门套、木护墙板、木护壁板、木门框、木窗框、木窗、木家具等，进行编号、拍照、立案处理。在现场用卷尺、三角尺等测量各部位形状尺寸掌握原始数据，并用数码成像技术结合测量数据，通过计算机 AutoCAD 软件系统对所有花饰的数据复原，绘制成立面、剖面图。

爵士吧须保护修缮的木制吊顶	底层公共流通区域内木门框	夹层木护壁板
爵士吧墙面的木质装饰板	底层公共流通区域内木窗框	楼梯入口门套上部
底层公共流通区域内木门、框	夹层上木窗	室内木牛腿

（3）材质分析。在原木制品花饰处适当部位取样，进行材料分析，确定木制品花饰的材料特性。按照《既有建筑物结构检测与评定标准》DB/TJ08-804-2005 的检测方法进行分析判断，如果条件允许，可采用电镜扫描、红外光谱测试、X 衍射测试等科学实验手段进行材料分析，以判别木材材质及外涂层的纹理与材料性质。

（4）修缮方法。如果木饰面已经有较严重的损坏，宜将整个饰面按原样进行重新加

工，大量的局部修改不但影响外观，而且对保护也是不利的。对已腐朽、严重毁损的木制品可用分段切割、分段补缺的方法进行修复。

若发现原有漆膜剥落老化，则须起底后重新油漆。首先把木制品表面清理干净，用脱漆剂逐层把木制品外涂油漆层除去，用细木砂皮打磨木制品表面至光滑，用现代油性油漆涂料按规定的施工流程模仿，经科学手段结合以往的施工经验判断出的原始油漆涂层类型。脱漆时须根据情况确定起底脱漆的程度，起底脱漆过程中应注意保护原木材。如有必要，对木材进行防腐处理。若发现原有漆膜品质良好，则只须将表面清洁后，即可进行全面油漆。

3. 石材制品修复技术

（1）劣化状态。大楼一层及夹层部分墙柱面以大理石石材饰面，爵士吧柱面为天然花岗石，墙面以同类花岗石饰面，石材柱、墙体部分（大理石饰面、天然石材部分，包括全部石砌墙、柱、踢脚线、装饰浮雕）根据现场勘察，保存现状质量尚好，整面结构较为完整，但存在较小面积的污染、浅层风化、病变，部分有断裂、缺损，砌块勾缝风化。

主要污染及病症	图片	处理方式
石材表面大量的污渍，墙面被严重污染		见《石材除玷污清洗》。
防石柱柱脚局部呈断裂状，有明显裂纹		见《防石材断裂的修复》。
大理石墙面上残留铁件		剔除残留铁件，对残留孔进行修复，见《残留孔及其他缺损的修复》。
大理石板块间勾缝缺失及勾缝不规则		见《石材砌块的勾缝》。
石材上因铁构件氧化遗留锈蚀斑及锈迹		见《石材锈蚀斑的清洗》。

和平饭店底层内墙面是本工程重点修缮内容之一，要保证这部分的文物部件保持原貌旧史，须对内墙饰面进行保护性清洗、修补。以最温和的方式清洗、以最少干预修复。

（2）石材墙体的保护性修复工艺

a. 除玷污清洗。采用物理法和生物法（生物降解法）清洗为主，自上而下、自前而后进行作业。

b. 锈蚀斑的清洗。铁金属构件与水氧化后铁离子锈斑腐蚀较为严重（以泥敷吸敷法清洗）。采用局部泥敷剂敷贴于锈斑处，敷贴时间为 2~8 小时，视污染程度决定，再用清水冲洗。

c. 石材断裂的修复（化学注浆锚固法）。原则上大面积的断裂可视为具有历史意义的破损，仅采取清洗，不做修复；

d. 石材板块勾缝。用云石片在原有的缝隙中清除垃圾，原有缝隙中的铅垫片保留。用水泥砂浆搅拌增固胶粉和防水硅树脂乳液对缝隙深部进行第一道填充防水。用ASA防污型填缝剂加拌防水硅乳液和增固胶粉对缝隙进行第二道防水和装饰勾缝，确保其密实和持久防水。

e. 勾缝剂颜色根据设计确定。其主要成分为氧化钙和硅粉及胶合体，同原勾缝浆具有很好的相容性且表面肌理感相同。

f. 防风化保护处理。全面完成石材表面清洗、修补和加固后，应涂刷无色透明、不反光、透气性的渗透型石材表面保护剂，以提高石材表面的防水、抗污染能力。

4. 室内金属制品、金属栏杆及楼梯金属栏杆扶手的修缮

（1）现状分析与调查。从类型上来分析，和平饭店北楼底层及夹层室内金属制品基本分六种情况：楼梯的金属栏杆和扶手，其中又可分为铸铁与铜制品两种；室内窗边及平台周边金属栏杆；室内金属历

史老窗扇和固定窗窗框、窗艺；室内暖气、空调机组外罩铁艺；墙上固定铁艺装饰；墙上金属铁艺格栅。

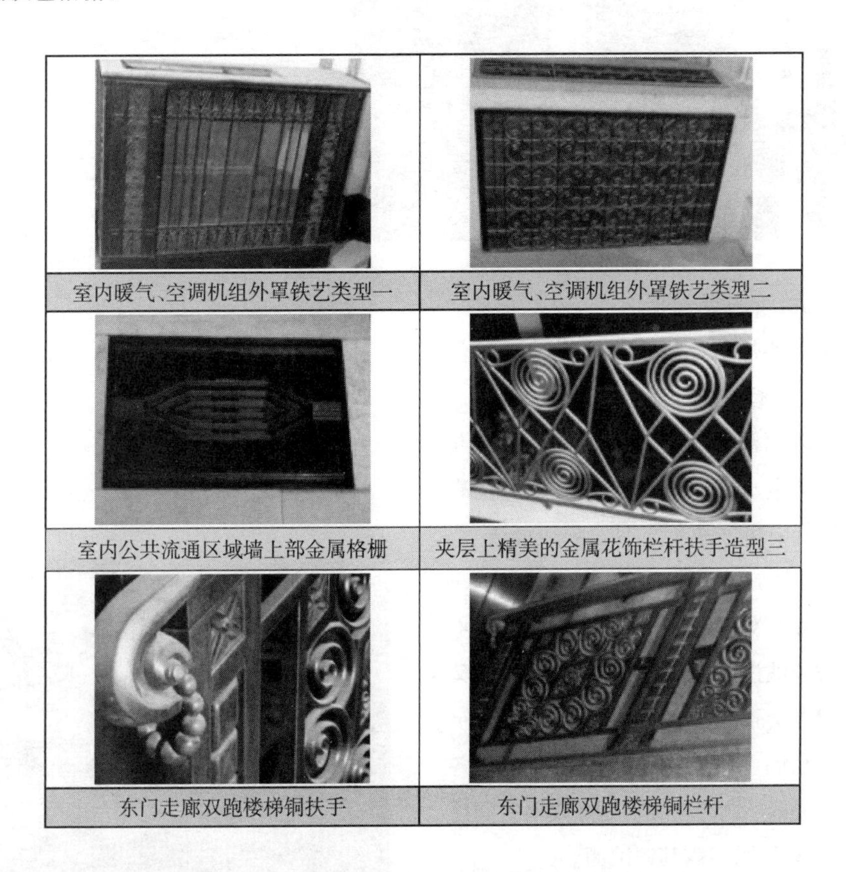

室内暖气、空调机组外罩铁艺类型一

室内暖气、空调机组外罩铁艺类型二

室内公共流通区域墙上部金属格栅

夹层上精美的金属花饰栏杆扶手造型三

东门走廊双跑楼梯铜扶手

东门走廊双跑楼梯铜栏杆

从现状破损情况上分析，室内东门走廊双跑楼梯铜栏杆扶手造型独特，现状保存状态较好，在类似建筑中遗留的并不多见，艺术价值较高，需要整体保护与妥善修缮。由于年代久远局部有氧化、锈蚀、污染的现象，需要进行铜制品的清洗并涂刷铜器保护剂。

（2）修缮原则。金属制品是构成室内精装修的重要组成元素，应该将后加的、没有保存价值的部分去掉。原有的精华部分按原样进行修复，缺失的部分参照原有材质和形式进行修补。

（3）修缮措施。

a. 清除金属构件表面污垢和油腻。采用真空泵和刚性毛刷，清除灰尘和脏物，用软

布沾化学溶剂清除油腻。

b. 旧漆层脱除。采用机械化学综合法对栏杆进行脱漆处理。

c. 表面清洁处理。漆层脱除后的混合物残留呈水溶性，可以水洗或加碱性清洗剂进行中和防锈清洗，使金属表面洁净，有利于后续施工质量。

d. 锈层处理。本案铁艺之锈蚀层，不可以常规酸洗除锈，否则酸液流经之处又会造成更大面积锈蚀。只能施以局部敲铲清除酥松的剥落层，再以电动工具配以各型钢丝或钢丝刷高速旋转刷除表面一切可清除之残留物，显露其锈蚀面。

e. 修补不平整表面。用环氧树脂腻子填充并用铁砂皮砂平，填充必须充分。焊接修补采用电弧焊，在接口磨平后涂刷防锈漆，刷底漆并上面漆。

f. 铸铁花饰栏杆、铁艺、金属格栅及金属框架构件的仿制修复调换处理。

g. 铸铁花饰栏杆、铁艺、金属格栅及金属框架构件的保护处理。

※ 铜旋转门修缮后状态

※ 铜旋转门修缮前状态

在构件完成面漆涂刷处理后，可以采用铁器保护液对铸铁栏杆构件的表面进行封护处理，铁器保护液的主要成分为氟碳树脂，产品无色透明，使用后能够阻止空气中的氧气、二氧化硫等氧化性和腐蚀性的气体发生反应，延缓铁的氧化和腐蚀，耐候性极佳。

和平饭店建筑前身为沙逊大厦，是20世纪20年代外滩建造起来的摩天大楼，整栋大楼的高度达到了77米，代表了那个时代建筑技术的辉煌和发展。沙逊大厦曾拥有号称远东最豪华的华懋饭店，因此一些重要的国际会议便在此召开，记录了近代史的发展轨迹。作为国家级重点文物建筑保护单位的和平饭店建筑，其历史、建筑艺术、科学建筑价值不言而喻。我们理解保护建筑历史价值的延续和体现的思想。根据该建筑的保护等级、建筑类型、风格特征、技术工艺、建筑材料，采用了“原真性”保护修复技术，将建筑保

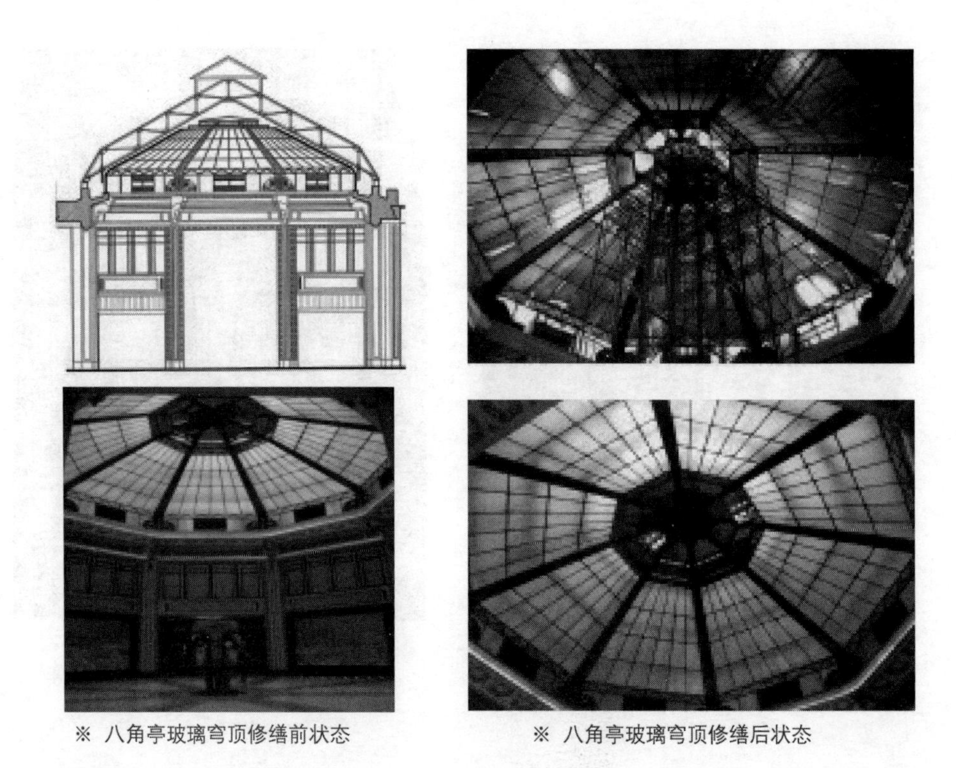

※ 八角亭玻璃穹顶修缮前状态

※ 八角亭玻璃穹顶修缮后状态

护、法律条款与旧建筑改造修缮工程技术结合起来,使再生的和平饭店不仅保障了使用功能的改善与提升,更重要的是展现在公众面前的建筑,依然充满了古色古香的韵味,海派风情回荡。其建筑的平面布局、结构体系、饰面色彩和肌理等历史风貌得到了很好的保存和传承。历史建筑再生的重要手段,体现了历史建筑保护不仅是修复技艺水平的高低,更重要的是一种极其专业化的技术和管理工作。

技术创新在中国银行大楼修缮项目投标中的作用

外滩23号中国银行大楼修缮项目，是由上海建工集团进行总承包项目管理的，其中涉及钢结构、拆除、加固、新建、水电、修复、装饰等。我们公司负责保护建筑的部分修复和公共部位装修，其余各项目由集团各专业公司负责。我们在编制技术标书时，重点放在历史保护建筑部分的现场考察、历史资料搜集、典故逸事求证、修复技术选取等方面，为施工组织设计提供良好条件。

一、工程项目概况

中国银行位于上海外滩地区中山东一路23号，东临外滩，西至圆明园路，南近滇池路，北面为工商银行大楼。该建筑为全国优秀近代建筑保护单位，属于二类保护对象。大楼始建于1936年，由公和洋行和建筑师陆谦受共同设计。大楼由华商陶桂记营造商以工期18个月、造价181.3万元中标承造。大楼的建筑面积为5万平方米，分东西两个大楼。东大楼为主楼，高15层，正面面临外滩，底层的层高较高，地下室有两层，共17层；西大楼为次楼，楼高四层。整个建筑的外形带有中国传统的建筑风格，其外墙一律镶以平整的苏州金山石，楼顶采用平缓的四方攒尖屋顶，部分檐口采用石门拱做装饰。建筑的每层两侧都有镂空的“寿”字图案，在雄壮的建筑主调中营造了一片平静祥和的氛围，栏杆的花纹和窗格也采用了传统的装饰纹样。

二、建筑保护的特点

1. 中国古典建筑复兴风格的代表作

这是外滩近代历史建筑中唯一的中式高层建筑，由中国银行自己出资，中国人设计、建造，打破了当时租界“洋人建筑世界一统天下”的局面，是近代西洋建筑技术与中国建筑传统结合较为成功的一个范例。为什么中国银行大楼比邻近的沙逊大厦矮了30厘米呢？原来，当时的中国银行出于业务发展的需要，决定将原址上的旧楼拆除，重建一座34层的远东第一高楼，可当施工单位已经打好了荷重34层的地基，准备动工造楼时，“隔壁邻居”跷脚沙逊却醋心大发，他蛮横地说，这儿是英租界，在他沙逊大厦附近造房子，不许超过他的“金字塔”。沙逊的后台、公共租界工部局亦趁机诽谤中国人，说中国人根本没能力造34层的大厦。他们还借口地基打得不好，会影响一旁的沙逊大厦，因而拒发执照。

中国银行当然不服气，据理力争，结果官司一直打到伦敦。因为根据“中英天津条约”中有关条文，凡有英国属民牵涉的诉讼，中国官方一概无权做主。最后中国银行被迫让步，把原设计的34层大楼砍去一半，仅剩下17层，即地上15层和地下2层，比沙逊大厦的“金字塔”顶矮30厘米。然而中国银行还是想方设法试图争一口气，尽管大楼比沙逊大厦矮了30厘米，但从仰视的效果出发，沙逊大厦是尖顶，而中国银行是方顶，雄伟挺拔，使人感觉并不比“金字塔”低。

2. 保护修复的项目多、难度大

修复的项目有金山石、砖砌体、金属大门、室内大理石、石膏吊顶、石膏制品、镂空木雕屏风、木制品、石质避邪、八仙过海壁画、孔子周游列国等组成。修复的难度最大在于石质辟邪、八仙过海壁画、孔子周游列国等建筑艺术构件恢复。由于年代久远，维护力度不够，这些艺术构件大都随着时间的侵蚀而出现了不同程度的损毁和缺失，加上业主无法提供原创艺术品的形状、尺寸、质地、颜色等资料，其最终修复结果只能严格按照事先定义的规范，慢慢推导出来。这种跨学科的任务无疑使得修复的难度越发增加。

三、标书编制依据

1. 现场考察

施工现场考察是投标者必须经过的投标程序，现场考察既是投标者的权利，又是责任。特别是历史保护建筑的考察，需要对每一种材质的不同部位、不同的劣化状态调查取证；只有取得第一手资料，才有可能在各种不同的状态，采取不同的修复和保护技术方案。我们通过三次现场考察,对其周边建筑、道路环境、建筑劣化的现状、正在营业的状况等方面有较为全面而细致的了解,并且拍摄了照片两百余幅。

建筑遗痕之一。在东外立面下方靠近滇池路有一块残字的奠基石碑,据知情人介绍,奠基石碑文是在"文革"期间被破坏的,现存的字迹依稀可辨"中华民国""宋子文"等字样。

建筑遗痕之二。在东立面入口门楣处,其表面为水泥砂浆粉刷的面层,与周围材质和整个建筑的立面建筑风格显得格格不入。我们怀疑此处就是标书上所述的孔子周游列国的浮雕,极有可能被水泥封闭在里面了。

建筑遗痕之三。在底层进厅半圆弧形顶壁上,原有的八仙过海壁画也了无痕迹,所指位置已被水泥砂浆粉刷一新。我们怀疑该壁画铜浮雕也在"文革"中遭到破坏,或是被那个时代有良知的工程技术人员涂刷掩盖。

2. 历史原创资料核查

对于历史保护建筑的修复,往往会面对图文资料残缺不全的问题。通过搜集以往的历史图片、文字,可以为修复提供依据。如东大门门楣上孔子周游列国的浮雕,进厅两端墙壁上的八仙过海壁画,东立面门口两个"辟邪"石雕等的复原,都需要原物资料。

原创寓意的理解:门前石阶共有九级,象征九九归一,无穷之意;走进大厅,天花板两侧又雕有八仙过海的图案,取神通广大之意;楼顶采用平缓的四方攒尖形式,上盖绿色琉璃瓦,部分檐口用石斗拱装饰,给人以四平八稳、福禄无边的祝愿……

四、技术方案概要

1. 修复原则

采用原真性修复的方式,达到修旧如旧的效果。譬如奠基碑的修复,如果将其替换成一块碑文完整的奠基石复制品,那将抹杀诸如"文革"之类特定时期的历史。因为残缺的碑文,随着历史的积淀,已经成为其历史建筑的一部分。

浮雕壁画的修复,要求其修复的工艺和材质必须相近或相同于原创作品的材质和工艺,而表面整体的和谐且能够分辨出新旧的肌体,明确地告诉后人哪里是旧的、哪里是新的。

同样,石雕的修复,要求石材的品种、产地、制作工艺严格按照原创作品复制,并在适当的地方明确说明此物为复制品。

2. 劣化分析

根据建筑不同的材质、不同的劣化状

态，分析劣化的原因(具体内容本文从略)。

花岗岩石材：石质的外墙、台阶、外门廊和外门厅等部位保存基本完好，但由于年代久远和小面积污染，产生了锈迹、油污和水迹等。东大楼檐口斗拱为“水洗石”，局部风化缺损。石质浮雕现均被水泥砂浆封堵。滇池路56号室外的门厅，74号室外门厅的天花，经调查均为“水洗石”，现被白色涂料遮盖。正大门两侧，“辟邪”石雕缺失损毁严重。

大理石石材：部分底石被漆层和其他物质污染。长柱出现污染、损坏、裂缝、开裂，以及一些需要去除的水泥填充料和金属条。

门窗及铜质小五金：窗框及窗套均是钢制结构，由于年代久远，金属制品局部有氧化、锈蚀、污染、损坏及缺失的现象。部分铜合金件被一层厚漆覆盖，并且出现污染和锈蚀。

石膏装饰物：原有的天花板墙柱顶盘的装饰件是石膏的，预制的石膏装饰物被固定在木支撑架上，石膏表面多次刷过白漆。由于没有注意保护，造成石膏装饰件和框架损坏及缺失，或因渗水造成石膏花饰大面积发霉、酥松和破损。

木制品：由于白蚁、变形、漏水、人为破坏等因素，导致木制品损坏、腐蚀和脱落。

3. 修复案例

根据劣化状态，列出曾经修复过的案例，来说明技术的可行性。

石材修复案例（和平饭店石材修复案例）：

主要污染及病症	图片	处理方式
石材表面大量的污渍，墙面被严重污染。		除玷污清洗：采用物理法和生物法（生物降解法）清洗为主，自上而下、自前而后进行作业。
石柱柱脚局部呈断裂状，有明显裂纹。		原则上，大面积的断裂可视为具有历史意义的破损，不采取清洗，不做修复；在建筑设计方确认的前提下，方可进行适合的断裂修复步骤。
大理石墙面上残留铁件		剔除残留铁件，对残留孔进行修复。
石材上因铁构件氧化遗留锈蚀斑及锈迹		以泥敷吸敷法洗：采用局部泥敷剂敷贴于锈斑处，敷贴时间为2~8小时，视污染程度决定，再用清水冲洗。 如上述方法仍无法清除，可用毛刷将客林除锈剂均匀地涂刷于铁锈污染处，使其充分反应。

门窗及铜质小五金(和平饭店金属制品修复案例):

室内暖气、空调机组外罩铁艺类型一；室内暖气、空调机组外罩铁艺类型二

东门走廊双跑楼梯铜扶手；东门走廊双跑楼梯铜栏杆

走廊墙上铁艺；墙上固定窗艺；室内公共流通区域分隔上部金属窗艺

金属制品是构成室内精装修的重要组成元素,应该将后加的、没有保存价值的部分去掉。原有的精华部分按原样进行修复,缺失的部分参照原有材质和形式进行修补。

修缮措施:

(1)清除金属构件表面污垢和油腻

采用真空泵和刚性毛刷,清除灰尘和脏物,用软布蘸化学溶剂清除油腻。

(2)旧漆层脱除

采用机械化学综合法对栏杆进行脱漆处理。

(3)表面清洁处理

漆层脱除后的混合物残留呈水溶性,可以水洗或加碱性清洗剂进行中和防锈清洗,使金属表面洁净,有利于后续施工质量。

（4）锈层处理

本案铁艺之锈蚀层,不可以常规酸洗除锈,只能施以局部敲铲清除酥松的剥落层,再用电动工具配以各型钢丝或钢丝刷高速旋转,刷除表面一切可清除之残留物,显露其锈蚀面。以一种“钢铁锈面转化剂”刷于锈蚀面至其干燥。原氧化铁修饰层被彻底转化成黑色的类似防腐底漆性质的铁螯合化合物,紧密地附着于钢铁基底。不再被继续锈蚀。

（5）修补不平整表面

用环氧树脂腻子填充并用铁砂皮砂平,填充必须充分。焊接修补采用电弧焊,在接口磨平后涂刷防锈漆,刷底漆并上面漆。

（6）铸铁花饰栏杆、铁艺、金属格栅及金属框架构件的仿制修复调换处理。

石膏装饰物(和平饭店石膏线条修复案例):

主要劣化	图片	问题产生的原因及处理方式
顶面石膏花饰已大面积脱落、损坏。		没有注意保护,造成石膏花饰的损坏,或渗水造成石膏花饰大面积发霉、疏松、破损。 需进行整体切割后,整体仿制复制。
局部顶面石膏花饰已损坏。		没有注意保护,造成石膏花饰的损坏,或因年代久远,石膏构件已局部风化、脱落。 需进行局部切割后,采用局部性仿制复制的方法修复。
彩绘吊顶色彩暗淡,局部彩绘起皮、风化、破损。		由于矿物质颜料风化造成的 颜色暗淡。表层收缩开裂、人为损坏造成彩绘层起皮、破损、脱落。 起皮、破损、脱落部位铲除修复后,由专业工匠重新绘制彩绘。
石膏吊顶局部涂饰表面起皮、风化、破损。		由于年代久远,原涂料耐久性较差,涂饰层表面风化,表层收缩开裂造成涂饰层起皮、脱落。 起皮、脱落部位铲除至基层后后,由专业油漆匠采用现代优质涂料重新批嵌、涂刷。

木制品(和平饭店木制品修复案例):

爵士吧需保护修缮的木制吊顶	底层公共流通区域内木门框	夹层木护壁板
爵士吧墙面的木质装饰板	底层公共流通区域内木窗框	楼梯入口门套上部
底层公共流通区域内木门、框	夹层上木窗	室内木牛腿

如果木饰面已经有较严重的损坏,宜将整个饰面按原样进行重新加工,大量的局部修改不但影响外观,而且对保护也是不利的。对已腐朽、严重毁损的木制品可用分段切割、分段补缺的方法进行修复。

若发现原有漆膜剥落老化,则须起底后重新油漆。首先把木制品表面清理干净,用脱漆剂逐层将木制品外涂油漆层除去,用细木砂皮打磨木制品表面至光滑,用现代油性油漆涂料，按规定的施工流程模仿经科学手段结合以往的施工经验，判断出原始油漆涂层类型。脱漆时须根据情况确定起底脱漆的程度，起底脱漆过程中应注意保护原木材。如有必要，对木材进行防腐处理。

若发现原有漆膜品质良好，则仅须将表面清洁后，即可进行全面油漆。

4. 保护方案

根据不同材质和不同的劣化状态，制定针对本工的保护方法。

花岗岩石材的保护方法：中国银行石质的外墙、台阶、外门廊和外门厅等部位，均为花岗岩，石质坚硬，保存良好，拟遵循完整真实的原则，采用“原样保留”的方法，予以保护，但锈迹油污水迹应予清洗。

中国银行北立面中部清水实心砖墙，现场多处裂缝，普遍风化，且污渍严重，虽其位于弄堂里侧，并非沿街立面，仍拟用“按原样修复”的办法加以修补，从墙内侧灌注压密砂浆，提高其结构安全性能。污渍部位清洗方法大致与石质墙面清洗同。

中国银行东大楼檐口斗拱为水洗石，局部风化缺损，拟按原样修复。滇池路56号室外门厅，74号室外门厅的天花，经调查也均为水洗石，拟采用去除现状白色涂料，“按原样修复”，还其本来面目。被水泥砂浆封堵的孔子周游列国石质浮雕，拟剔除其上的水泥，并维持修缮中的缺损，让其成为历史的见证。正大门两侧，比照原设计图纸大小比例，按原样恢复一对石质“辟邪”雕像。

大理石石材的保护方法：所有大理石包括16个长柱及墙地面洗净后，均须用漆刷上一层晶蜡，并擦亮进行保养。

门窗及铜质小五金的保护方法：窗框及窗套需要进行清洗、除锈、填补、替换及保养工作。对于铜合金的表面，了解漆下合金表面的防护情况，有些表面曾经处理，包有一层氧化层保护膜，须对这些氧化层保护膜进行维护。

石膏装饰物的保护方法：清洗石膏装饰物、复制石膏装饰件和石膏框架。

木制品的保护方法：木制品的保护方法以仿制修复和原真修复为主，清洗和保养也十分重要。

5. 清洗方案

根据不同材质和不同的劣化状态，制

定针对本工序的清洗工艺。

花岗岩石材的清洗方案：表面正确的清洗方法是用调节到40巴压的清洗器喷水冲洗，这种方法可以去除石材表面的非黏性脏物。在每一清洗阶段之前，所有的窗户都须用塑料挡板盖住，以保护其不受损害。

大理石石材的清洗方案：用清水正确清洗大理石表面，然后把纸浆浸于10%的碳化绞溶液，并置于大理石表面，让其作用一小时，以除去纸浆，并用水正确冲洗，不可使用摩擦海绵。

门窗及铜质小五金的清洗方案：铜合金件清洗时，需要把除漆剂涂于大门表面，并让其作用20分钟，然后用刀除去泡起的漆层，注意不可刮伤表面，最后用丙酮或硝基溶液清洗表面的除漆剂。

石膏装饰物的清洗方案：首先用除漆剂除去漆层，接着去除使用除漆剂后隆起的漆层，裂缝处用石膏粉浆填补，最后按指定颜色，用一般漆或硅酸盐漆粉刷表面。

6. 修复方案

根据不同材质和不同的劣化状态，制订针对本工序的修复方案。

花岗岩石材的修复方案：对黑色污垢和局部锈斑清洗结束后，进行填补石料表面的裂缝和断裂处理，防止雨水渗透。插入岩石的金属件或许会生锈或膨胀变形，这可能会造成石料开裂或产生裂缝，因此用直径合适的钻机把它们拆除。在整个修复工作完成后，对整个外立面使用一层保护材料，进行后续的保养。

大理石石材的修复方案：所有大理石包括16个长柱及墙地面洗净后，均需要用漆刷上一层晶蜡，并擦亮进行保养。

门窗及铜质小五金的修复方案：视金属劣化的特点与具体情况对金属件进行修复。清洗时，拆除已改变原有外观的部件。受劣化影响的部件将等待下一步的处理。用焊接、铆钉及其他类似方法对材料进行加固，最后再对金属面进行保养，以减少污染物的侵蚀。

石膏装饰物的修复方案：清洗石膏装饰物，接着复制石膏装饰件和石膏框架，以代替过度损毁而不能继续使用的石膏装饰物。

木制品的修复方案：仔细检查所有木材后，确定须按原样复员重做的部分、须整修的部分和须修补和须重新打磨的部分，并在必要的部分使用材料防腐剂。

7. 脚手架方案

脚手架搭设防护建筑外立面，采用内拉结的措施；底层脚手架杆件防护措施；噪声、污水隔离防护，采用大型整复原立面彩色喷绘布防护的措施。

五、标书表现形式

按照集团总工程师室的指示及公司投标小组专家的研究，标书的表达形式决定采用图文表色块等多元化表达，以增强标书较为感性的认识。

1. 工况布置

采用建筑图渲染色块表示。

2. 修复方法

采用建筑局部取样、图片劣化分析、图示修复经验、图文修复方法的形式表达。

3. 排版装订、封面设计

利用图文、表格的形式说明，不仅增强了评标专家的感性认识，便于了解投标方案的思路，对于本次标书封面精心设计的钱币图案及中国银行的字体、金色的颜色等元素，都可以体现企业的文化素养及对业主的尊重。

六、总结与体会

诚然，建筑保护离不开政府法律规范的界定，这可以规范人们的行为准则。同时离不开史学专家的考证、文人墨客的笔著，让人们了解该建筑的文化或历史的人文典故；也离不开媒体的呼吁，他们可以彰显其社会价值。但对建筑本身的修复保护最为直接的，是除了拥有保护修复技术的建筑工程装修企业和企业的技术人员，不会再有别人。因为他们是真正以理论摸索功能工程的实践者,以实践总结充实保护修复知识的行家。一幢优秀历史建筑得到专业的、一丝不苟的修缮,而承载了原貌旧史,拓展了现代功能而焕发青春、延年益寿,或被改造得面目全非甚至毁坏,往往取决于这些人的保护意识、修复技能和管理方法。

原汇丰银行穹顶的镶嵌壁画,就是在几位当年参加市府大厦装修工程的建筑工程技术人员保护下,得以留存下来的。他们非常内行地用石灰腻子覆盖了不符合当时时代要求的壁画,丝毫也没有损坏马赛克材质,使这些艺术珍品得以在封存了约半个世纪后,又完好无损地展现在世人面前。历史是一个城市的根,无言的建筑所浓缩和留存的,正是历史的印痕。漫长的岁月,磨损了建筑的棱角,折磨了建筑的躯体,却沉淀下了历史文化的厚度。

所以,我们对于历史保护建筑的修复工程,不仅是将其视为市场的商机,更要将其视为我们建筑装饰的历史责任。我们不仅是在修复历史的建筑,也是在发掘人文的历史,同时,我们也在延续历史。

近代历史建造彩画保护修复技术研究

——上海八仙桥基督教青年会建筑彩画保护修复实践

一、前言

上海青年会宾馆建筑，其前身是八仙桥基督教青年会。大楼于1929年10月动工，1931年建成，设计者为中国著名建筑师李锦沛、范文照、赵深等，由老牌营造厂江裕记施工。八仙桥青年会会所被称为当时远东最大的基督教青年会所。该大楼平面呈凹字形，凹处面南，整楼分成三块，蓝色琉璃瓦屋面。沿西藏南路部分为正面，顶部有双檐，两檐间有一层，飞檐翘翼，檐下有斗拱。最为精彩的是内部二层精美的天花彩画，至今保存得基本完好。

我国传统建筑彩画的历史悠久，在春秋战国时代即已兴起，并经过历朝历代不断丰富完善，形成了一定的规格和等次；到明清时期，又逐步规格化、程式化、等级化，出现了和玺、旋子大点金、小点金、雅五墨等种类，以用金多少和图案种类来分别其等级；明清后期，由于拼镶包镶柱梁的出现，油饰彩画运用了披麻挂灰的"地仗"做法，使油饰彩画更加光平圆洁。

青年会大楼彩画的画法是以和玺彩画为蓝本。和玺彩画在青式彩画中，是最高级的彩画，有较为严格的使用等级制度，一般多用于皇家建筑或寺庙建筑。青年会大楼作为民国时期建造的建筑，由于打破了封建帝制传统要求，该建筑的彩画无论是内容、形式或者材料，都较传统和玺彩画有很大的差别，这也是近代文物建筑的一种特色。

※ 20世纪二三十年代青年会建筑照片

※ 二层公共部分彩画天花部分形式

二、彩画修缮前调查

1. 彩画形式

经过现场调查发现，该建筑内部彩画形式有四种样式，分布在主楼梯间、二层大堂部分和三楼礼堂部分。其中二楼大堂部分有简单和复杂不等的三种形式。二层大堂天花彩画在一个大空间内，设计划分了休息大厅、剧场观众休息厅、会员区休息厅、电梯厅、贵宾休息厅等若干个部分。每个区域对应的天花造型和花式以及材料都会有变化。

二层进门处休息大厅部分的天花彩画，基层为木板，部分为钢丝网基础，覆面石灰粉刷，整体造型为正方形，圆光部分有圆形也有椭圆形，颜色为浅黄色，没有图案。整个图案中间为圆形造型，底色为黄灰，中间白，在白色与黄灰之间描以红线（深红）加强对比。四岔角为蝙蝠图案（或如意云纹），图案为木制浅雕刻，颜色为浅蓝色，在方光之间支条部有凸出的雕刻花式。

室内横梁基层是在结构梁下面木方支架，覆钢丝网石灰粉刷，为和玺彩画的布局，但枋心部位是空的，没有纹饰，白色线为阴刻线（中国传统手法为阳刻，线条很凸显，称为沥粉），方心两头为绿、二绿，传统称退晕，箍头线铁红加黑描线，方心为黄灰。

※ 圆光呈圆形的彩画天花造型

※ 圆光呈椭圆形彩画天花造型

※ 梁部彩画形状色彩

※ 支条部为阳刻花草图

※ 贵宾休息厅的天花彩画

※ 报告厅的天花彩画

二层大堂部分贵宾休息厅的天花彩画，是直接饰图在结构顶面粉刷层上，色彩艳丽，图案精美。圆光部分的圆形为浅黄色，四岔角为银饰祥云图案。梁部色彩主要是蓝色和金色线条，蓝色分深浅。主要呈现西方设计风格的图案和色彩，西式风格的感觉很浓。

报告厅的天花彩画，其梁箍头图案有点相似于传统彩画“西番莲”。由于融入了红色，显得雍容华贵。整个报告厅的空间很高，为两层的层高。天花部分的形状为长方形，简洁的线条，梁部分的彩画，感觉尺度很大。

会员区部分彩画是最简单的一种形式，天花整体造型随结构顶长方形部的形状而设计。在单个长方形的平顶内，四周绘制成了回形图案，回形图案两侧单线条围边，形式简洁流畅。

※ 回形纹路彩画天花

2. 彩画材料

该彩画材料经过初步判断，有两种可能：一种是采用骨胶调制矿物质颜料如德国产巴黎绿(83 − 2270)、氧化铁红、氧化铁黑、银朱、中黄等，做完后用桐油罩面。这种做法防水，可以长久保存彩画的色泽不变。

另一种可能就是用近代西方的华工颜料油漆彩画，做完后不用油罩面保护。其明显的表现为色泽暗淡无光，开裂、褪色、受潮部分大面积剥落。通过对剥落油漆屑片的分析，发现其耐久性及黏合性均比较差，剥落时成片状下掉，而且有明显的起鼓，强度低，经搓捏后成粉末状，这与现代油漆的特征是相符的。

※ 彩画剥落的油漆残片

3. 彩画劣化状态

（1）楼梯间部分彩画现状。楼梯间部分彩画，损坏现象严重，表面漆膜剥落、起翘、褪色，部分已露出内部基层。在楼梯接近大堂休息平台部分，可以明显看出该部分天花彩画是后期加建的，裸露的基层为三合板，且板材已经起翘并层层剥落。

（2）二、三层大堂部分彩画现状。

彩画在大堂靠近卫生间部分，由于后期室内装饰作为房间使用，重新吊顶和敷设各种管线，损坏较为严重。损坏现象主要表现为管线和平顶吊点拉结，将原彩画部分破洞，洞口直径在10厘米左右。表面部分漆膜剥落、起翘、褪色，部分露出内部基层等劣化现象。室内大堂部分彩画，损坏现象主要表现为表面污垢、灰尘，后加灯具管线洞口，表面部分漆膜剥落、起翘、褪色，部分露出内部基层等劣化现象。

大堂吧的彩画相对于其他彩画比较简单，只是在平面吊顶的四周做回形纹路等简单

的装饰。损坏现象主要表现为后期管线和平顶吊点拉结,使原彩画部分破洞。大堂原业主会议室处,彩画保存相对颜色鲜艳,画法和色彩都异于其他处彩画,直接施饰于结构梁板上,损坏现象主要表现为后期管线和平顶吊点拉结,使原彩画部分破洞,以及表面部分漆膜剥落、起翘。褪色,部分露出内部基层等劣化现象。大堂原礼堂处,后做夹层在三层房间内,画法和形式都接近大堂处,为钢丝网粉刷的天花藻井。损坏现象的主要表现为后期管线和平顶吊点拉结,使原彩画部分破洞,钢丝网基层裸露在外面较多,粉刷层开裂和剥落严重,整个彩画几乎损坏殆尽。

三、劣化原因分析

总体考察,吊顶彩画大面积脱落、褪色,部分区域已露出内部基层;墙体涂料褪色明显,墙体下部漆面有明显的裂缝和漆皮现象;木结构彩画暗淡无光泽,部分区域出现脱落;建筑物内部管线为明配,排列混乱,既影响彩画及油漆的耐久性,又影响整体的美观。具体导致该建筑物彩画出现上述问题的原因,归纳起来有三个方面。

1. 材料原因

虽然建筑风格为清末民初风格,但其彩画的材料全部使用的是现代建筑油漆,其明显的表现为色泽暗淡无光,容易开裂、褪色、大面积剥落。通过对剥落油漆屑片的分析,发现其耐久性及黏合性均比较差,剥落时成片状下落,而且有明显的起鼓,强度低,经搓捏后成粉末状,这与现代油漆的特征是相符的。如果使用的是古建油漆、颜料,其强度比较高,一般不会出现大面积脱落起鼓现象,而是出现不规则的裂缝,其脱落后一般呈块状而不是粉末状;另一方面,古建油漆颜料色泽鲜艳有光泽,就算时间长久也不会完全暗淡无光,影响整体美观。

2. 工艺原因

表面彩画层与基层的连接度不好,因为两者间不严密而存在细小的缝隙,时间一久,由于空气中有机物及水的作用,造成面层与基层脱离,最终导致起鼓脱落。现代油漆施工与古建油漆、颜料施工工艺上是有区别的,古建油漆、颜料施工对基层及面层的施工要求比新建要高,包括砼基层及木基层处理、面层连接方法及刷涂遍数等,具体来说就是工序上更复杂和严格。譬如彩画的边纹,现场是用油漆绘出来的,与油漆面是相平的,而在古建施工中,是打底后用颜料层层绘制,是凸出彩画面层的。

3. 使用原因

后期使用增设的室内管线分布杂乱不规则,而且全部为明配,墙面及吊顶可见明显的线路敷设、钉眼、孔洞和钢支架,以及管道漏水引起的受潮等诸多因素,造成的破坏对彩画的整体耐久性及内部的整体美观产生很大的影响。

四、近代历史建筑彩画特点

1. 彩画风格

彩画从最初保护建筑木质构件不受大自然的风雨侵蚀,到后来代表一种封建社会的等级制度,是我国传统建筑的一大特色。它们是根据所绘制的彩画内容形式不同而定名:金龙和玺彩画的图案为全部由龙组成的图案,金凤和玺彩画主要为金凤凰图案,龙凤和玺彩画则是龙凤图案相间的彩画,画龙草相间图案的为龙草和玺彩画,苏画和玺彩画基本上画人物山水和花鸟鱼虫。而近代彩画从形式到内容的变化,已经不具有任何显示建造身份象征的意义,纯粹代表了近代史一种东西方混合的折中主义建筑风格的特征。

2. 彩画材料与工艺

材料成分是一个很重要的问题,彩画颜料的成分决定着彩画的工艺技术。搞清楚颜料的成分是我们工作的重点。中国古建筑彩画所使用的颜料有很大的变化,简单一点说大概分为两个大的阶段:一个阶段是晚清之前的建筑彩画,这些彩画的材料主要是以传统的天然矿物质为主,由天然矿石经粉碎、研磨、漂洗等工序制成的,其色泽稳定,结晶体的矿石光泽增加了色彩的明度,比如呈红色的是铁矿石所制,含铜矿石则呈绿色等,而且天然矿物质在长期与空气、水及阳光接触之后,不易发生化合反应,因此其颜色较为稳定;另一个阶段是近代鸦片战争之后,国门洞开,西方现代工业制品被带到了中国,由此也带来了化工颜料。近现代化工颜料有价格便宜、色彩鲜艳、纯度高以及画法工艺简单等特点。化工油料相对由天然矿石制作的颜料而言,耐候性差,色泽不稳定,受潮或老化后容易起皮脱落。

五、彩画修复技术方案

1. 彩画保护修缮原则

青年会大楼为上海市市级文物保护单位、上海市二类优秀保护建筑,其修缮应严格按照《文物保护法》《文物保护实施条例》《文物保护工程管理办法》《文物古迹保护准则》的有关规定,以及上海市文物管理委员会的保护修缮要求执行。

2. 具体方案的实施

通过对维修原因的分析，本着对症下药的原则，按照材料、工艺及维修范围的不同，我们设计了三个维修方案。

（1）保存现状，最小干预。用此方法维修的这部分彩画位于二层原报告厅的位置。由于报告厅在新中国初期就分割成上下两层，所以这部分彩画位于三层，使用功能一直是办公部位。由于功能的转化和大空间的分割及后期吊顶的原因，此部分彩画破损得非常严重。鉴于使用功能没有变化，我们采取了保存现状、最小干预的原则进行保护，将该部分彩画天花封存于新天花内。在以后的修复中，如果需要恢复其最初的使用功能，则该部分天花可以进行完整恢复。

a. 清理。对原有残留彩画天花的灰尘进行清理，清理时采用吸尘器、羊毛刷等工具。

b. 加固。天花局部坍塌下陷严重的，采取地面顶托的方法，使其恢复原状，然后采用不锈钢吊杆连接原天花骨架进行固定，并小心顶托不至于导致新的损坏。

c. 修复。局部破损口即断裂处修复，采用同质石膏进行修补，修补具有可识别性。

d. 吊顶。新的轻钢龙骨石膏板吊顶，吊杆固定在原有吊顶固定位置，并相应调整，避免在天花造型及花饰位置固定。采用轻钢做结构转换层的方法，是将原有残破彩画天花进行最大限度的接触。

（2）清洗整理，修旧如旧。按照保护性修复的修旧如旧方法，对二层大堂彩画进行以清洗为主的修复试验。这部分彩画表面布满灰尘、灰垢、油渍，其面积约占整个建筑彩画的 70%，我们必须慎重地采用干预程度最小的方式修复，使其表面干

※ 羊毛刷清理表面灰尘

※ 牙刷结合清洗剂刷清理线条内污垢

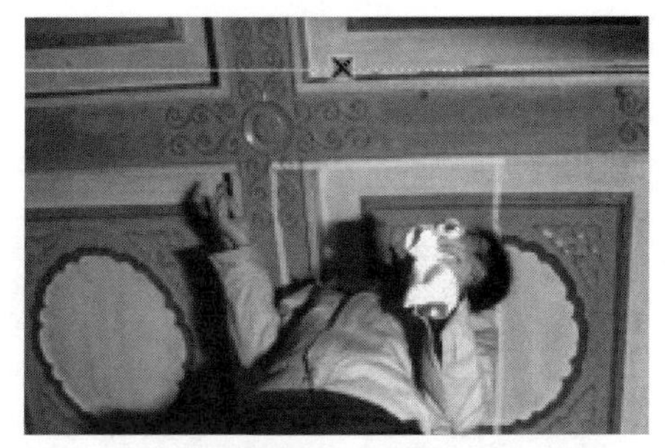

※ 毛巾擦拭清理表面污垢

※ 沥粉

※ 拓图案

净，不变色，恢复原貌。

概括来说本方案就是依旧修旧，在保持原来式样的基础上，对损坏的部分进行局部维修，即对损坏部分进行凿除、清理，对损坏的砼基层及木基层进行修补，根据原来的色彩进行调色，尽量做到与原来的一致。修复范围视损坏程度而定，基本完好的部分不做维修。

a. 实验。选点——清洗表面污垢——（看效果是否采用中性清洗剂，再进行下一步骤）——涂刷清洗剂——清洗表面。

b. 材料。美纹纸、毛刷、牙刷、纸张、水、乙醇、涂料表面清洗剂、去污上光剂、棉签等。

c. 取样。选取已经发生鼓起处取样。

d. 清洁。采用毛刷先处理彩画表面浮尘，将抹布用清水润湿后初步清洁，然后用去离子水配合软毛牙刷清洁表面污渍。为了防止水在彩画表面形成积水而引起局部空鼓、溶胀后又干缩引起裂痕，应立即采用乙醇清洗表面，一方面是去除彩画表面水分，另一方面是清洗表面其他的油污。

用去污上光剂进行表明清污、上光。由于原彩画表面涂有清漆，清漆可能发生凝聚及吸附室内的灰尘，导致表面污染，用上述方法难以去除。采用去污上光剂用棉球擦洗类似污斑的部分，会取得很好的效果。表面的清漆由于张力的作用，会在平面自动地收缩，使其表面尽量减小；再加之时间久远，清漆受到灰尘、温度的影响，从而使表面存在污斑，大大影响彩画表面的艺术效果。采用专用去污上光剂，其由表面活性剂与长链分子组成，清洁时对清漆具有很好的去污效果。

※ 梁部彩画修复前后效果对比

※ 造型天花修复前后效果对比

（3）原样翻作，补新以新。对于大堂两侧空间内的天花彩画，由于该部分彩画是直接画在结构楼板板底粉刷层面上的，损坏相对严重，无法采用清洗整理的方式修复，只有按照原有的彩画图案进行整体翻新，对所有结构粉刷层进行修理。在施工前对所有彩画进行拍照留底，然后对彩画面层清除脱漆，将原来的油漆处理干净，对基层进行清理，重新打底，然后恢复原来的式样及风格，颜色与原来颜色相同。工艺上采用古建工艺进行施工，材料使用高级丙烯酸油漆材料。

a. 照相留底。即对原有彩画进行拍照，对建筑物分构件、分部位、分上下、分左右进行拍照，并按照其所处位置对相片进行编码排序，以便重新彩画时对照图案，恢复原貌。

b. 前期试验。彩画的修复试验工作，是一项比较重要的工作，通过必要的前期调查、分析后，为保护修复做出初步的修复方案。但方案的可行性检验，是保障文物建筑修复的前提，也是避免施工带来文物建筑价值流失的必要工作。

c. 选择保持相对完好的彩画部分，将原有天花图案，采用薄牛皮纸、复印纸进行拓印。

d. 对拓印后的图案进行修整，将断续的线条关系连接起来，完成彩画图案的底稿工作。

e. 根据底稿图案，采用丙烯酸类颜料，在木板上开始铺底色，颜色涂饰的原则是先浅后深。

f. 各层颜色涂饰完毕后，根据预先所留的位置进行沥粉（实际彩画没有沥粉，是用阴刻线描白替代的）。

此项试验工作，为后来实际修复颜色的明暗度的把握，提供了很好的依据。

（4）施工流程

a. 实样。根据前期在木板上的试验，选择在天花彩画进行实样试验。先进行小面积试验，试验区域选择在非重点保护部位。试验的确定须严格按照原有色彩、肌理、技术工艺、材料等各方面的修复，考虑到耐久性，材料采用丙烯酸颜料。试验小样应保留到其余大面积施工完毕，经各方确认无误后，方可小心地与相邻彩画进行融合。

b. 基层处理。大面积施工前，除保留试验部位外，一次性清除表面彩画，并打磨砂纸，要求磨光磨平，并清理干净（原梁面铲到水泥基层，重新打底）。

c. 满刮腻子。刮腻子要刮到、收净，不应漏刮，边角部位批嵌时，为保持原有技术工艺的特征，应保留原有边角顺直的状态。

d. 涂饰底色。涂饰底色时，应选用优质的羊毛刷涂刷，应保留刷痕。

e. 勾描阴线。由于该彩画图案的形成是在粉刷层上刻阴线，所以，应在底色后，将所有的阴线用白色勾勒出来，整个彩画的图案也就显现出来了，再布局图案造型与整体效果。勾色时，主要是把握好线条的顺直及咬色部分的关系。这在古建传统彩画中，应是起谱子、打谱子和沥粉等工作。

f. 平面涂饰。首先刷大色（浅黄色），其次刷箍头处蓝色，最后刷墨绿色。此三色为天花中大色，然后抹四岔角图案小色。

g. 局部刷金。四岔角图案部分，刷一道聚酯底漆，稍打磨一下底漆，然后上金粉。

上海近代历史文物建筑作为城市一种不可再生的文化遗产，已经越来越引起人们的关注。建筑彩画作为一个民族的文化，继承与发展关系并不矛盾，因为它们曾代表了一个时期的建筑装饰风格，具有划时代的意义。重要的是面对历史文物建筑不同的保护等级、建筑类型、风格特征、使用功能及劣化状态，我们应有不同的保护理念和保护方法，使这些具有时代特色的艺术价值得以保存与传承。

第二篇 历史追寻

天籁之居 在于养人
——前童古镇乡土风貌的保护
从闽海关建筑的拆除重建看历史建筑的保护
走进历史遗留的角落
——文物保护建筑书隐楼探寻
书隐楼文物建筑的历史考证
从书隐楼的现状看私产文物建筑的保护
经典的建筑，伟大的传承
——浅谈罗马历史建筑保护修复
初探“外滩源”
——没落的奢华之地
苏州河怀旧系列影像策划
外滩 18 号保护建筑的功能转换
欧洲国家历史建筑保护之我见
八仙桥基督教青年会的前世今生
——建筑的历史变迁

天籁之居　在于养人

——前童古镇乡土风貌的保护

天籁之音是人类生命中最动人的音符，也是自然界最纯朴的律动。天籁之音可以让心灵无限地贴近自然。同样，天籁之居则可以复原生命最初的纯真与简单……带有浓

郁乡土气息的前童古镇，地处浙江宁波市南端，始建于南宋绍定六年（1233年），至今已有七百余年的历史，以保存完整的明清乡土建筑历史风貌和原始、淳朴的生活状态，远离浓重的商业气息而著称。古镇中现存的民居、古祠大多为明清时期的老建筑，而近现代的新建建筑大多为年轻人在镇外另辟的新村。因此，古镇的历史格局、明清建筑的特色基本保存原状，应为江南乡土历史风貌保护得最为完整的古镇之一。

整个前童古镇坐落在鹿山与塔山南麓，白溪秀水自西向东绕古镇而过。古镇建筑雕梁画栋，粉墙黛瓦，错落有致。溪水在古镇前方以八卦形式缘渠入村，排列有致的卵石铺路，可谓“流水曲万家，石径幽深巷”。

笔者将其视为天籁之居，不仅是这片乡土民居与山光水色交融成辉而构成的和谐之美，悠久历史与传统文化积淀的深厚之感；更在于其历史遗留的乡土民居与人们田园生活的气息，没有被现代商业氛围所浸染。正所谓“人因宅而立、宅因人得存”，有了自然生息聚合人气的地域，方有天人合一的人杰地灵之气。

古镇与青山小溪相伴的形态是自然与建筑的融合。《释名》载：宅，择也，择吉处而营之也。古人对家宅地理位置的选择极其重视，对建筑的建造从来都不是以单独的建筑作为营造的目的，而是将建筑置于一个规模庞大的自然空间内去考量。古人根据观察江河径流、山川俯仰的自然变化，从而格物致知、精心选择适合人类居住地的环境。这也是形成风水学的来源。

那么，究竟何谓风水呢？古文载：气乘风则散，界水则止，聚之使不散，行之使有止，故谓之风水。风水学其实质是古人依照自然和人类生命融合的"隐藏的规律"，来勘探最理想的生活环境的一种智慧，此中的鬼神论只不过增加了神秘感而已。

据史载，开拓前童古镇的始祖为童潢，于南宋年间官居迪功郎。他在一次游历中发现了这片四面环山的灵山秀水，其南有石镜，北有梁皇，东有塔山，西有鹿山；前后各有一水流过，南为白溪，北为梁皇溪，两水又交汇后注入海，于是自南宋绍定年间，决定从原居住地黄岩上岙举家迁徙至此。古镇也就在塔山与白溪之麓这片负阴抱阳的风水宝地之间，洋洋洒洒地铺展开来。因当时安家于当地惠民寺寺

院前，故称为“前童”。

前童古镇的开源之地，是由塔山之麓惠民寺前逐步向鹿山方向发展起来的，东塔西鹿两山也因此被前童族人，尊为“塔峰晓日”和“鹿阜斜辉”的庇护之神而泽被前童。在漫长繁衍生息的岁月中，前童人因义救获罪的惠民寺僧人，而获寺庙周边区域的发祥之地，并得以由塔山和鹿山之麓形成现存的古镇风貌。整个古镇由旧宅、老街、古祠构成回字形九宫八卦形的布局，外人进出不易。所以有当年阻太平军而不入，保数百年古镇无战火的防御功能，而现在可以依据八卦分支、主干的原理顺溪渠的流向走出困局。当年童姓义人豪公倾其所有引溪入村，就是依据东高西低的自然地势，按九宫八卦的路径，以太极生两仪、两仪生四象、四象生八卦的态势，使白溪之水形成八卦水系，不断分流绕注千家百户，以解童氏宗族生活洗涤、防火和生产灌溉之急。八卦水系在分流缘渠之后，与梁皇水溪交融于镇东，汇入大海。

前童有两千余户人家，近万人口中，大部分是童姓族人。在曲径巷陌之间，无论是遇到背手站立的白发老人，或是稚音憨容的嬉戏顽童，都会有一种“笑问客从何处来，老院旧宅望深归”的故里祥和之感。古镇镂花窗户、素面梁栋的建筑，门前清幽缭绕的溪渠，古拙的石板桥，形成了“深宅幽巷清溪渠，卵石曲径石板桥。青砖灰瓦马头墙，炊烟犬吠天籁居”的诗情画意。

如果这片老屋失去了生活的气息，这些古老的建筑还会给我们那么多的感动吗？还会有那么多的触发于内心的体悟吗？历史古镇的保护，不仅仅是保存那些老屋、古树、旧街巷，更重要的还在于将原住民生活的风俗与建筑一起保护，才是真正保护了历史的风貌。失去了生长于斯的人们，自然而幽静的历史古镇则如一个没有灵魂的躯体，难以在交互中聆吟千年的悲壮。

天籁之居可以让生命最遥远的记忆与心灵最幼稚的回归，勾起我们对往事的思念之情，使魂牵梦绕变得亦真亦幻、至情至性的体悟，能够永远保存……

从闽海关建筑的拆除重建看历史建筑的保护

鸦片战争后，清政府被迫开放福州等五口为通商口岸。咸丰十一年（1861年），英国在福州仓山泛船浦建立闽海关（俗称洋关），负责福州关区（即泉州湾以北的广大区域）内轮船运载的国际进出口贸易和国内转口贸易的管理与征税。闽海关旧办公楼始建于1862年，迄今风风雨雨已一百四十余年。它既见证了一个民族曾经的屈辱，也见证了共和国今日的繁荣富强。

然而，据近日报载，这样一座优秀的近代历史建筑，为了给市政规划的南江滨大道让路，在整体平移方案无法实施的情况下，遭到了先拆除、再觅址重建的命运。对此，笔者在惋惜之余，不禁联想到了城市建设中历史建筑保护的一些问题。

一、历史建筑保护在城市规划中的地位

历史是一个城市的根，无言的建筑所浓缩和留存的，正是历史沧桑的印痕。漫长的岁月，磨损了建筑的棱角，折磨了建筑的躯体，却沉淀下了历史文化的厚度。福州市仓山区南江滨一带作为“五口通商”之一的口岸，曾建造了众多艺术风格各异的近代西洋建筑，如领事馆、海关大楼、洋行、教会学校、洋人住宅、华侨住宅等。这批西洋建筑在百年沧桑中所形成的极富历史特色的风貌街区，从一个侧面反映了福州这座文化名城在殖民

时期特定的历史内涵。正是这些历史建筑形成的城市多样性和独特性，构成了真正的城市特色与个性之所在。对这种历史风貌，我们本应该进行切实保护，以突出体现城市文化本来的面目。然而，我们的城市规划者往往在城市化的浪潮中描绘蓝图时，想到的仅仅是“大干”方能“快上”、破“旧”方能够“立”新，视城市历史文脉、城市的科学规划与开发于不顾，致使那些历史建筑以各种理由或被空置，或改造得面目全非，或干脆一拆了之。譬如眼下这幢已经被拆除的闽海关办公楼，如果规划人员在城市整个布局、规划和开发时，对城市的历史建筑有清晰的保护意识，就会有一个科学合理的规划、开发的定位，使城市开发所带来的经济效益和保留古貌而拥有城市文脉兼顾，两者和谐共存。在城市发展进程中，强调城市创新的同时，再考虑一些城市的积累；在强调城市速度的同时，再考虑一些城市的深度，给我们的子孙后代多一些怀古和思幽的风貌所在。如果能这样，这幢百年历史建筑也就不会出现因规划南江滨大道而须整体搬迁，再因影响南江滨大道规划建设的进度又遭灭顶之灾的事态发生。

二、整体搬迁的可行性

闽海关旧办公楼整体平移无法实现的原因何在？其一是技术上不可行之说（原房屋建筑结构受力体系完全紊乱）。旧建筑的平移技术在国外已经有几十年的历史，在国内也不算什么难以攻克的技术难题，譬如上海音乐厅已经在2004年的平移中获得了新生。从上海音乐厅体重6800吨、占地面积200平方米的体量，到被平移了66.64米，并在经历打包固结、生高平移、阔台增室后，圆满完成了移位、修缮、增设等获得新生的三部曲的情况来看，闽海关建筑无论从建筑的体量，或是建筑的构造，其复杂的程度都无法和上海音乐厅相比较。因此，技术不应成为阻碍该建筑平移方案的主要障碍。关键在于一再声言建筑平移的方案，连所要迁移的地址至今都没有觅到。从一个技术方案的完整性和可行性判断，建筑平移距离的远近、平移后位置的高低，包括平移前的建筑加固、平移中的移动方法、新址的基坑开挖和基础结构，都关系到平移后的安装就位、造价费用等一系列的技术问题。所以，我特别想请教那些参与保护方案的单位和专家，何来闽海关建筑“平移方案”无法实施之说？其二是经济上不可行之说（整体迁移的方案成本太高）。一幢历史建筑的修复和维护的费用，不会比一幢新建建筑的建造费用更高。当然，也不可完全否认一幢历史建筑“整体搬迁”，其费用会高于“就地拆除、觅址重建”的费用。但从另外一种社会角度考量，古旧建筑的价值是历史积淀的产物、城市文脉的延续。即使经济实力再强，也无法造出这样一幢呈现历史沧桑、时代烙印的建筑。这不是技术的问题，更不是经济价值的问题，而是一座城市人文历史的价值，是我们给子孙后代一个怎样的人文、生态环境的问题。其三是何为“修旧如旧”？历史建筑修缮中“修旧如旧”，其实质就是一种采用原真性方式修复的效果，它着重于对历史现状、文献的尊重。一幢历史建筑的价值首先应该同它的地理位置和周边环境相依存，否则它就失去了其历史价值的核心。在对其进行保护性修缮时，要求对旧肌体进行的修补或添加，必须展现增补措施的明确可知性与增补物的时代性，以展现旧肌体的史料原真性，进而保护其文化价值。从闽海关建筑的拆除迁移来看，已经从根本上否定了原真性修复的可能性，更不用说修旧如旧的修复效果。从现在的状态来说，其实质就是原物的复制，是采用一种风格性的修复方式，复制出一个原来风格、样式的新建筑，以期达到“修旧如故”的效果。而这幢遭分解拆除的历史建筑，其历史信息、历史的沧桑、历史的厚重感已经荡然无存，剩下的只是一个没有灵魂的躯体。即使如此，我还是希望那些参与拆除的建筑企业和技术人员，在拆除的技术方案中考虑“保护”的概念，能够更多地保存下来一些历史的印记。在拆除历史建筑并将其视为市场商机的同时，请不要忘记企业的历史责任。再退一步来讲，在拆除时保护留存了原有的建筑构件，譬如石材、砖块、金属及木制品等尚存一息历史信息的建筑构件。但我们有理由相信，一个现在连地址都不复存在的重建方案，这些一息尚存的建筑历史信息也会随着时间的推移而损失殆尽。最后，即使按照原样再造也是标准的假古董。城市历史建筑保护的目的是什么？是遵循一个根植于过去、立足于当代、放眼于未来的城市发展规律。根植于过去就是尊重历史文脉，立足于当代就是在城市建设中的开发与利用，放眼于未来则是对历史文脉的延续。这里尤为重要的是立足当代，使那些曾在社会生活中最具活力的建筑遗产，真正重新融入城市建设与社会发展进程中。假如我们能够在城市规划时善待这些历史建筑，便完全可以使它们在“继承原貌旧史、拓展现代功能”中获得新生。假如我们能够在整体搬迁、移址重建的方案中善待它们，至少可以保存建筑的原生厚重的历史形态。假如我们能够在拆迁、重建的过程中善待它们，最少可以嗅到一丝历史沧桑的气息。那些残存的历史建筑就像饱经风霜的老人，亟待更多的人给予他们更多的关注与关爱，亟待关注与关爱能够形成一种文化遗产的保护意识，亟待这种保护意识能够形成一种民族的自觉。

走进历史遗留的角落

——文物保护建筑“书隐楼”探寻

“江南好，风景旧曾谙；日出江花红胜火，春来江水绿如蓝，能不忆江南？”白居易当年在洛阳对江南春色的无限赞叹与怀念，早已影响了生长于豫东平原的我。烟雨蒙蒙、小桥流水、青砖灰瓦、河浜密巷，一直是我记忆深处的江南景象。也许是我姗姗来迟，上海市区从一个小渔村，到作为现代化大都市的世纪变迁，已经掩盖了昔日诗人咏叹的美景江南。总之，我这个外地人在上海这座城市已经和记忆中的江南失之交臂，那如画卷一般的江南水墨画境，如今只能从县志的字里行间旖旎地走来，不禁使人掩卷唏嘘。

在人们流连于海派文化的十里繁华洋场，羡慕现代都市辉煌的时候，我却越发想去寻觅一些江南的痕迹，哪怕是与废墟交流中的残砖废瓦、城市故事中的只言片语……

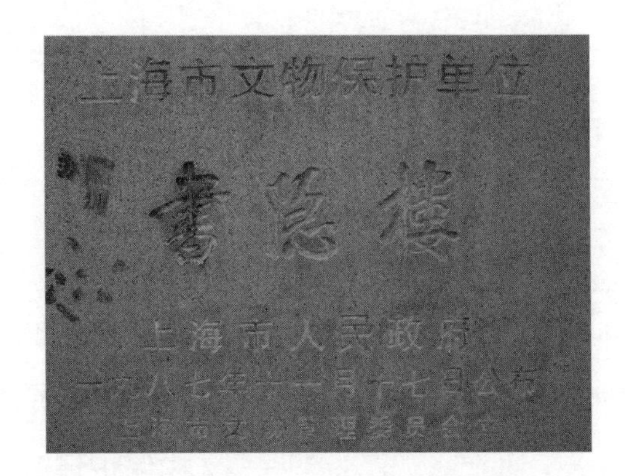

手捧一卷历史的黄页，在友人相约下的炎炎夏日，我走近了积聚数百年东吴世家之气的老城厢腹地。其中的书隐楼建筑，便是上海市中心仅存的大型清代民居珍品，属郭姓私产性质的市级文物保护单位。这座始建于清乾隆二十八年（1763 年）的豪宅，整个宅院历经 13 年建成，可见它当年豪华宏大的程度。

这是上海最具历史积淀的洞天福地，历史的气息依然弥漫在这里的空气中。如果时间可以重来，我们在这里可以看到农庄业公所、浙宁会馆、茶叶公所、借园、书隐楼、艾家大院等诸多的历史片段。如今这里的街景已是高楼大厦夹杂着斑驳的石库门，少了些许浪漫时髦精美的上海风情，多了一份沧海桑田的坚韧和忍耐。

尽管这江南已不是那江南，遥遥地相隔了几百年的世事沧桑，我却依然能感觉这里仍是蜿蜒曲折的河道、质朴醇美的石桥、石径幽深的街巷、青灰斑驳的小屋；依然在石库门那吱吱呀呀的呢喃中，走进了记忆中的江南，走进了一段历史的深处；仍然在这个无人探及的角落，听到些许凄婉的故事与伤痛的呻吟……

时光的回溯依然是企及的、彷徨的、期待的，然而历史的重现也是陈旧的、神秘的、凄凉的。伴随着这如梦江南烟雨的朦胧，我走进了天灯路 77 号。映入我眼帘的是淹没在杂草丛中的石径小路，旁边散落着三三两两的青砖灰瓦，从散落野草丛生的残砖碎瓦，到失去墙壁岌岌可危的屋架；从窗门梁栋上的蛛绕尘封，到已身首异处的匾额；从随意堆砌的雕花门窗，到楼房内到处堆放的尘封红木家具，处处都透着一种阴森与荒凉，以至于我久久不敢朝前迈步。因为我担心会惊醒这份沉睡的历史，也会不时地微闭双眼，因为这里的残垣断壁、花木凋零、蔓藤绕屋的景象使我忧伤。这种“回廊檐断燕飞去，小阁尘凝人语空”的破败景象，早已失去了昔日平和的静穆，随之而来的只是一种悲凉和阴森，使观者欲言而失语、悲悯且惆怅。

这是 20 世纪 50 年代，被北京建筑科学院太湖流域居民调查组所认定的太湖流域难得精致的民间宅第书隐楼吗？这是江南三大清代藏书楼之一的书隐楼吗？这是在 20 世纪 80 年代被上海列为文物保护单位的书隐楼吗？

一有着近两个半世纪历史的文物保护建筑书隐楼，相比中国几千年的文明史来说，也许是微不足道的；然而，对于上海这座

国际大都市而言，却是漫漫历程中的重要组成部分。书隐楼作为与宁波的天一阁、南浔的嘉业堂齐名的现存江南三大清代藏书楼之一，它所具有的精美艺术价值和悠久历史价值，显得弥足珍贵。我们曾是世界上最爱读书和藏书的国家之一，延绵数千年的藏书文化是我们甚为珍视的传统文化。据史料记载，中华大地曾有过数以千计的藏书楼，随着岁月变迁，世事沧桑，幸免于难的寥若晨星，且大都岌岌可危。我们为曾拥有灿烂的藏书文化而自豪，我们也曾为上海在城市建设发展中保护了众多的历史文物建筑而骄傲，但是现在，我们却不得不为书隐楼的现状而担忧。

书隐楼是上海老城厢现存的一幢最大、最精致的清初时期深宅大院。该宅原占地3亩余，建筑面积2000多平方米。全景布局合理，前后共有5进，计有房间70余间，建筑结构为抬梁式木结构。书隐楼设有两个入口，前部并列建筑三座，前后楼厅及东西厢形成走马楼，前进楼为一层，上有“书隐楼”匾，沈初题（沈初为浙江平湖人，乾隆癸未科榜眼，历任清乾隆年间礼部、兵部、户部尚书，并曾任《四库全书》副总裁），原为藏书楼；中间正厅七架梁，东西有轿厅、花厅等，四面围以高10余米的风火墙，属内宅，应为五间两厢的四合院，三面两层房屋楼下都是不带门窗的敞厅形式厢房，也为双坡小青瓦屋面，内进的房屋走廊和楼梯都设在后面，南面是墙体开门。在围墙东侧有话雨轩、船舫及假山、花坛等，是

典型的江南富家民居。

如果说中国的古建筑以其鲜明的特点而自立于世界建筑的发展史上，其特点所包容的木结构的建筑结构体系、单幢房屋组成的建筑群体的空间形态，以及建筑从整体外观到建筑各部位的造型都具有丰富优美的艺术形象，那么，书隐楼这座有七十余间房屋组成的宅院，可谓是中国江南民居古建筑的典范之作。这座建筑的内部装饰木质构件上到处都是精美的雕刻艺术，槅扇之裙板、梁枋、云板、垫拱板有浮雕或镂空雕之精致木雕，所刻梅、兰、竹、菊等花卉和狮、凤、蝙蝠等动物，以及“汉宫秋月”“滕王阁”“三星图”等，其构思极奇特，艺术极高超。

其中最精美的当数其砖雕艺术。一般江南的砖雕刻工精良、纤细雅致、空间层次深远丰富，可与绘画艺术效果媲美，使建筑物衬托得典雅庄重，富有很强的立体效果。其内宅门楼式门罩，就是一个砖雕的艺术珍品，从“古训是式”匾额，匾额左右兜肚及上下枋的“文王访贤”“穆天子见西王母”“老子出函谷关”等图采用高浅雕、透雕、半圆雕等手法，高低起伏有致，别具一格，犹如一幅幅精美的水墨画，清新淡雅。而门扇则为现存不多见的望砖包门，包镶门板的砖全为薄薄的望砖。正方形砖体菱形排序，砖面水磨，表面光洁；在砖上钻眼，用大头的铁泡钉将其钉在门板上。在门板的开启边缘处，用护铁镶边防止薄砖脱落。这种砖包门不仅装饰美观，而且具有一定的防火功能。

书隐楼内宅正厅东西侧与两厢连接处，各有一块约高 2.5 米、宽 1 米，堪称砖雕珍品的砖雕如屏。西边如屏的额枋上雕刻着梅兰，上方中心部分的主体雕刻为“三星祝寿”，四周饰以回纹图案；下面中心部分为平面留白，四周饰以元宝花饰。东边如屏的额枋上雕刻着竹菊，上方中心部分的主体雕刻为“八仙游山”图，四周饰以回纹图案；下面中心部分为平面留白，四周饰以元宝花饰。这两幅硕大的砖雕如屏，每一幅都有一组自己的情节，好似

楹联工整对仗，寓意深邃；而玲珑剔透的雕艺，可谓巧夺天工，达到了“图面有意，意在吉祥；匠心独运，古雅俊逸”的意境和美感。

事实上，这座占地近2000平方米的庭院，绵延七十余间清初风格建筑的大宅院，当小树在拳头大小的砖墙裂缝中茁壮生长的时候，蘑菇在雕梁画栋中盛开的时候，平朴的繁枝蔓藤像世纪一般沉重地压在老屋身上的时候，日月星辰和风霜雪雨可以尽情光顾老屋每个角落的时候，此时的书隐楼，已经失去了昔年的辉煌与风采，而正在破落中走向死亡……

也许书隐楼真的老了。时间的销蚀如同尖利的牙齿，一点一点地吞噬着这里的一草一木、一砖一瓦。人生七十古来稀，何况这座老屋已经活了240多岁，在人们的关注下悄然淡失，可以避免世人多少的麻烦和争议，甚至是尘世的妒忌。当这里高楼再次拔起，并引得人们弹冠相庆的同时，它或许可以应着人们的追思，获得此后人们敬仰和惋惜的殊荣，有幸残留下来的砖瓦木片，则可以进驻湿度和温度都俱佳的博物馆馆藏而生生不息，只留下无声的历史在风中唏嘘……

书隐楼文物建筑的历史考证

书隐楼建筑是上海市中心仅存的大型清代民居珍品，属郭姓私产性质的市级文物保护单位。这幢建筑原汁原味，除自然的破落坍塌之外，并无明显因修整而破坏的痕迹。它坐落于老城厢天灯弄77号，距今已有243年的历史。据现有大多数该建筑的资料显示，该住宅为清乾隆年间沈初所建私宅，并有沈初所题“书隐楼”堂匾为证。沈初为浙江平湖人，乾隆癸未科榜眼，历任清乾隆年间礼部、兵部、户部尚书。沈初与家居上海浦东的同代进士陆锡熊同为《四库全书》副总纂，可能是通过陆锡熊来沪购地，才建造了这座“书隐楼”，其后年间传予川沙人赵文哲所有。赵文哲为江南七才子之一，中举后，任内阁中

书，与沈初及纪昀乃莫逆之交。据《清高宗实录》记载，乾隆三十三年（1768年）六月，因两淮盐政卢见曾"盐案亏空"一案，赵文哲同时任侍读学士的纪昀受牵连而治罪，与纪昀等同谪乌鲁木齐。后乾隆热河造行宫时，赵文哲复被起用，钦赐户部右侍郎，可能于此时书隐楼方归赵文哲所有。到光绪七年（1881年），赵家后人又将书隐楼转卖给当时上海的商贾郭万丰（系现今书隐楼主人之祖父）。

此说主要来自书隐楼现今主人郭俊纶先生的家传，但可能有误。因为在历代《上海县志》中，均无沈初在上海活动的记录，假如是沈初投资所建，即使是托友而建，建后总会到此一住；即使建成后弃置不用，最有可能买走此宅的也应该是陆

家，而非赵家。据《上海县志》记载，赵文哲乾隆三十二年（1767年）被赦免重新起用后，一直在军前效力，1773年围剿叛军之乱时遇难，时年49岁。这期间并无任何资料显示赵文哲回乡活动的迹象，而陆锡熊在本乡的活动记录甚为详细。有《上海县志》记载为证：乾隆五十三年（1788年），陆锡熊应时任知县贵阳人谢庭薰之聘，创修《〈乾隆〉娄县志》三十卷首二卷。乾隆五十六年（1791年）刊行，使娄县始有志书传世。

另一种版本是此宅地本为明后期陈所蕴私有。陈所蕴，字子有，号具茨山人，明代上海城里南梅家弄（今梅家弄）人。万历十七年（1589年）进士，历任刑部员外郎、江岳参议、大名府使、河南学政等职，是当时上海人心目中了不起的人物。他的祖宅在梅家弄，后来又购进相邻的唐姓人家约20余亩废园，遂营建花园。他每天会去花园观察，其朋友李绍文咏花园诗云："为圃与为农，岂是公卿事。园林最近家，不妨日一至。"于是取花园名为日涉园。日涉园与豫园、露香园合称为明代上海"三大名园"，可惜如今只剩下豫园了。

陈所蕴及其友人把日涉园划分为36个景点，并请画师将36处景点分别绘成图画，这就是上海历史上有名的《日涉园三十六景图》。陈氏还自作《日涉园记略》，与图附在一起，藏于自己的书斋中。前引竹枝词"日涉园居沪海陈，景图卅六主人身"，讲的就是这个故事。

明末清初，陈氏家道中落，连同日涉

园在内的陈氏祖产被另一位上海人陆明允收买,并做了相应的改造。到了陆明允孙子陆秉笏手中,他又在宅里造了一幢自称“传经书屋”的藏书楼,《日涉园三十六景图》即藏于该书屋里。陆秉笏有一个儿子叫陆锡熊(字健男,号耳山),他是乾隆二十六年(1761年)进士,后入军机处,官至左副都御使,与纪昀、沈初等总编辑《四库全书》。乾隆皇帝曾赐明代上海画家杨基的《淞南小隐》图轴,上面还有乾隆御题七言绝句,而陆锡熊的父亲陆秉笏的号也叫“淞南小隐”,于是他们立即把自己的“传经书屋”改名“淞南小隐”,并请《四库全书》副总纂、浙江平湖人沈初题匾。也许“淞南小隐”有解甲归田、退归林下之义,与尚在任上的陆锡熊不太适宜,于是沈初题匾为“书隐楼”,地址就在今天灯弄77号(天灯弄旧名素竹堂街)。据记载,乾隆中年,陆锡熊家失窃,《景图》及《淞南小隐》不翼而飞,使陆锡熊十分痛心。一直到乾隆五十三年(1788年),陆氏才打听到上海城里一顾姓人家藏有《景图》,并以高价收回。陆锡熊后因《四库全书》的编纂谬误,与其他同僚数次受到乾隆皇帝的斥责和巨额罚俸而家道中落。自19世纪中期,陆氏祖产开始陆续出售。可能在这个时候,书隐楼再次易主于赵姓人家。到了1881年,书隐楼归现在的郭家所有。按此说法,书影楼当为明代建筑。

从书隐楼的现状看私产文物建筑的保护

书隐楼历经200多年的风雨侵蚀,且遭“文革”和工厂入驻的破坏尤甚,损坏很大。但由于其基础坚实,梁柱结构严密,用材考究,主要建筑及艺术装饰虽有损坏,却面目依旧。

整个进厅内堆满了雕花,门窗构件数不胜数。破旧的楼房里满是灰尘的红木家具和线装书等,潮湿的地面已使部分家具霉烂。据书隐楼主人介绍,该宅院在1942年曾经进行过一次较大维修。“文革”期间,除内宅外,均遭到不同程度的破坏。高墙西面酱油厂建造的高层厂房,因距离宅墙太近,致使书隐楼10多米高的砖墙随高层厂房的沉降而开裂20余厘米,随时有倒塌的危险。书隐楼后又为玩具厂等使用,花厅、船厅等门窗装饰围护结构被拆除损毁,进厅和正厅西侧房屋的毁坏就是最好的例证。建筑的围护木质结构,由于风吹日晒已经风化严重,底层靠近地面部分呈腐朽状态。建筑的围墙墙体部分,由于西邻的酱菜厂建楼,也相距太近,造成风火墙地基不均匀沉降,导致墙体向西面倾斜下沉,墙体出现上下贯穿的通缝,裂缝最大处达20厘米。紧靠风火墙的西厢房全然倒塌。西厢房连着的女眷楼和专供家族女性看戏的戏台部分的厅、廊、楼梯等也岌岌可危。总起来说,书隐楼劣化的原因是多方面的,其中不乏外在和内在的、自然和人为的。

一、自然威力

整个建筑毁坏最严重的部分,主要是闲置的空间太多,很多不住人的房间无法及时发觉损毁的迹象,特别是屋面失修造成的雨水渗漏,从其一层木楼板所呈现的斑斑水渍和木质的腐蚀程度可以看出,这是直接导致屋架部分的结构失去支撑作用,造成屋盖塌陷的主要原因。正因为如

此，当年“威马逊”台风将书隐楼多间房屋吹得一处处东倒西歪，紧靠风火墙的西厢房全部倒塌，包括与西厢房连着的女眷楼和专供家族女性看戏的戏台部分的厅、廊、楼梯等也岌岌可危。

二、个人无力

事实上，根据整个建筑宅院破损的现状，已不适合业主的日常居住了。因为以目前的宅院之大、阴阳失谐、建筑坍塌之危、火灾之险，都会影响居住者的身心健康。宅内到处可见空置的房间和老化的电线，像这样一座木构建筑，一旦发生火灾，肯定将导致无法挽回的损失；同样，上海每年过往的台风，对于这样一座摇摇欲坠的失修建筑，也可能是灾难性的。

对书隐楼怀有深厚感情的郭俊纶，曾试图以一己之力，来维护这幢老宅院。然而尽管他毕业于交通大学土木工程专业，却毕竟年届耄耋，精力有限，且经济拮据，即便是小修小补，已属勉为其难。据80岁的郭太太表示，她很希望将书隐楼交国家维护，自己和孩子们的居住生活状况也可因此改善。

三、政府尽力

书隐楼被列为市级文物保护单位之后，有关部门曾力图将其修缮，多次开会研究，并与书隐楼主人协商保护方案，提出房屋置换、经济补偿等方式，使书隐楼归国家来维护。但终因房产所有人家庭成员的意见分歧，未能如愿。后因书隐楼主人郭俊纶先生去世，所有权可能发生变化，引起了文物管理部门对书隐楼现状的担忧，由此无数次派员前往与后续继承人商议修缮事宜，并于 2002 年 7 月，由市文管会组织了修复队伍进驻这幢旷寂衰败的深宅大院，然终囿于产权及维修所需的大量资金等问题无法解决，只能对房屋内部做局部的加固处理。希望终究有一天，书隐楼能以崭新的面貌得以重生，出现我们的面前。

经典的建筑，伟大的传承

——浅谈罗马历史建筑保护修复

什么叫作经典？经典就是蕴含了过去、现在和未来时光的内涵，但仍可窥究其传统的美感并体认其价值。罗马城的历史建筑不仅经典，而且伟大，因为它们大都历经了千年的传承。

那么，罗马人是怎么呵护这部用石头书写的史书的，并且化腐朽为神奇、使死亡变重生、让悲哀成悲壮？我有幸近距离地与这些历史建筑进行了虔诚的攀谈，以了解它们重生的历程。

在欧洲大陆漫长的历史上，对建筑及建筑师的尊崇，是基于建筑所包含的算术与几何同属于西方七种人文主要学科之列，特别是古罗马遗留下来的各种宫殿及教堂建筑，所建造的标准都代表一座城市和宗教的名誉；而建筑师则是具有伟大技能和相当天才的艺术家，参与建造一座建筑的匠师、工匠及政府或宗教的官员，都必须遵从建筑师的指挥。所以在欧洲大陆发展的各个时期，建筑或建筑师都有很高的社会价值和社会地位。尽管古罗马人在朝代更迭替换时，也会毁坏一些建筑，但其历史上对建筑改造再利用的保护意识，最早可以上溯到古罗马时期对曾统治过他们的伊达拉里亚人和希腊人的建筑传承上，譬如他们师承了伊达拉里亚人对城市的分区规划、道路交通的组织和建造坚固实用的堡垒、桥梁及水利工程，包括特别擅长的土木工程和建筑术。后来古罗马遗留下了保存至今的输水渠道及条条大路通罗马的交通典范和历史典故。同样，古希腊艺术能够流传至今并成为西方建筑演变的主要元素，一定程度上在于他们征服希腊人的同时，对古希腊的文明成果没有进行大肆毁坏；他们所采取的占为己有的掠夺方式，不可否认间接地保护了部分的希腊艺术。尽管在漫长的古罗马历史上，也曾发生过拆除历史建筑的构件

来建造当时的教堂和宫殿，拆卸建筑遗迹之上精美的石雕，以焚化为石灰等事件，但在建筑所经历的坎坷岁月中，始终有一大批仁人志士和社会精英在关注这些历史遗迹的生存与发展，始终有一种保护的声音存在。早在公元一世纪末，大量的建筑遗迹已经被看作是古罗马往日辉煌的象征，而成为众多的建筑师和艺术家潜心研究的对象，这为后来的文艺复兴奏响了一个前奏曲，也为后世建筑艺术的演变和历史建筑的保护指明了方向，确立了思想。

公元前 27 年，奥古斯都时代的著名建筑师维特鲁威，就是在考察历史建筑遗产的基

础上，编著了《建筑十书》，总结了将建筑的比例同人的比例等同起来看待的原理，确立了建筑的完美是由布置的均衡所决定的，奠定了按比例获得建筑各个不同的部件，必须与建筑整体保持一种精确关系的理论。

15世纪中叶，阿尔贝蒂也曾花费数年时间，穿梭于罗马建筑的遗迹之间，研究关于古建筑艺术的思想。他编著的《古罗马各地的绘画》一书中，描述了大量关于测量仪器及对历史建筑测量的数据和方法，对古罗马建筑进行了见仁见智的研究；而在另一部论著《论建筑》中，他用一种忧思而凄哀的语言，描述了古罗马建筑的遗存是如何一天天被风残雨蚀的："现在依然存在的那些古代作品的实例，那些神庙与剧院，从其中就如同从最为纯熟的大师们那里一样，我们可以学到无数真知。但是，我含着眼泪看着它们正一天接一天地走向破败衰亡。"

同一时期的建筑师波焦，在其长篇论著《命运多舛》中，更是以高贵而又悲悼的语言，描述了金碧辉煌的古罗马历史建筑演变成肮脏破损、荒林野草、万民践踏所呈现的悲凉形象，表达了他对帝国命运多变冗长的深思和心悸骇然的悲情。

1445至1446年，弗拉维奥·比翁在其《创建罗马》中，更是呼吁无论基督教或者异教徒的历史建筑，在其面临最后坍塌之前，都要进行必要的保护和修复。他力求从建筑遗迹中吸取古罗马精神的本质，保持古代罗马与基督教罗马连续性的情感，并将较早时代的优势传递到最新的文明中去。

这些大师对古罗马建筑的笔著与研究，其实就是随后文艺复兴及对历史建筑保护的前奏，也促使在朝代更迭时未发生刻意毁坏建筑的事件。譬如尼禄（公元54—68公元年在位）的皇宫就建造在原有皇宫的废墟之上，图拉真（公元98—公元117在位）又将他的浴场建造在尼禄皇宫之上，并采用拱顶盖的方式遮盖住它的院落，同时又将尼禄皇宫一组金碧辉煌的大殿，改造成地下宫室加以利用。不仅如此，许多中世纪的教堂也建造在古罗马建筑的废墟上，将古罗马建筑当作它的墓室或者举行宗教仪式的大厅。文艺复兴时期著名的建筑师米开朗琪罗，就曾将古罗马戴克利先浴场建筑的一部分，改建成了圣玛丽亚安琪儿教堂；而另一部分，则改造成为美术馆和修道院。这些罗马历史上对建筑保护再利用的典型范例，为意大利近代形成较为系统的历史建筑保护理念和成熟的修复技术，奠定了坚实的基础。

意大利从1889至1890年起，在米兰高等工业学院里设置了历史建筑研究、保护和修复的课程；1892年通过了保护古建筑的法律；1955年成立"我们的意大利"（Italia

Nostra）保护历史建筑的民间组织，旨在宣传、保护历史文化遗产和自然环境，拥有几十万会员，100 多个分部，下设资料机构、研究机构、出版机构和教育机构；1960 年罗马大学建筑系设立古建筑保护的研究生院；1966 年在罗马创建了简称“伊克洛姆”（ICCROM）的文物保护和修复研究中心。意大利艺术史学家、工程师焦万诺尼在1913年发表的专著《城市规划和古城》和《城镇规划与古城》中，阐述了历史建筑作为“城市遗产”的一部分，应该在城市化进程中进行整体性保护的观点。所以意大利对历史建筑的保护理念和成熟的修复技术，对世界文化遗产的保护起到了极大的促进作用。

古罗马城能够遗留下那么多宏伟的建筑及建筑的遗迹，应该归功于罗马人成熟的工程技术和新材料的应用，以及对美学和艺术的追求，对宗教信仰的虔诚，从而创造出众多空间体量单纯有力、装饰细部适度和谐、结构体系完整明晰的经典建筑。

古罗马所遗留的建筑遗迹从外在构造形式上来看，主要有三种形式：一种是早在公元前 4 世纪就掌握的定型烧制砖技术而构建的砖砌体饰面，外饰面有排列有致的清水勾缝建筑样式，也有粗糙麻面的浑水墙面建筑样式。第二种是公元前 3 世纪时期发明的砼，他们利用当地盛产的火山灰，加注一定量的沙石及贝壳骨料与水搅拌而生产的耐水、坚固且可塑性大的混凝土，以此来构造高大空灵的建筑。混凝土一般不作为墙面的饰面，只做承重结构。此类建筑的饰面常采用砖砌体或者在外面涂上一层灰曼，也有在外面挂贴石材饰面。第三种则是石材砌体的建筑，石材砌体的建筑有直接为勾缝饰面，也有在外面挂贴石材饰面。基本上在奥古斯都大帝之前，罗马的建筑大多是砖造建筑，奥古斯都在位期间及以后的建筑大多为大理石建造的建筑。

历史建筑的几种形态。第一种被称为“历史的遗迹”，主要指一些仅存残垣断壁的建筑遗址。譬如沿着阿庇亚这条长约 10 公里古罗马大道的两边，有宽三公里的带状区域，其间是不允许任何人为扰动的国家公园。对此区域内的建筑遗迹采取一定的技术手段进行加固保护，也就是他们对历史建筑积极“干预”的保护理念。而在旧城中心地带，也会有很多被冻结保存下来的建筑遗址、遗迹，譬如在罗马威尼斯广场附近的帝国广场遗迹，其中就包括了巴拉干山遗址，里面有奥古斯都庙和阿波罗庙等建筑。此类基本冻结建筑历史的状态，是一种活生生的城市历史的展现。

第二种被称为“历史的废墟”，主要指那些失去原有使用功能，结构受力体系保存相对完好，可以使人近距离观赏的历史建筑，譬如斗兽场之类的建筑。这些废墟的存在，可以让人们更好地亲近与观赏，所以采用的是非常积极的“干预”和修复手段，以保护建筑遗迹结构的坚固性和历史的沧桑感。

第三种为“历史建筑”，主要指那些历经千百年岁月沧桑，却依然健硕并可以使用的历史建筑，譬如古罗马遗存最久的万神庙，其存在直接为我们展现了古罗马历史建筑保护再利用的理念和效果。之前基督教将它作为尊奉万神的圣庙而加以积极利用，并使之得以完整无缺地保存至今。

历史建筑几种保护修复理念。其一是法国派。其风格性修复，追求风格的纯正统一，强调修复一幢建筑要把它复原到完完整整的状态，即使这种状态从未存在过。

其二是英国派。自然保护，尊重自然状态的生与死，强调用日常的维护代替修复，让建筑自然死亡，一切修复只能造出没有意义的假古董。

其三是意大利派。原真性修复，为了必要的加固和添加部分，必须采用与原有部分“显著不同的材料”，结合两派特点，提倡除非绝对必要，文物建筑宁可只加固而不修缮，宁可只修缮而不修复。

风格性修复允许在保存原建筑的主体构造之外，按原有的风格进行改动和添加。文献性修复可以按文献记载，在史料充分可信的基础上，剔除那些意义不大的增补和附加物，进行完整修复。历史性修复是在建筑形式处理上追求近乎苛刻的史料性，但可采用新结构、新材料，不必拘泥于传统的建造方式和材料。科学性修复认为历史、形式、技术和材料，不是彼此孤立或互相排斥的，修缮古旧建筑可以用新方法和新材料，但有一个标准，即新方法和新材料的使用，绝不能超过历史层理所能承受的量度。评价性修复强调修缮和保护最重要的不仅是技艺水平，还包括对历史和技术的理解和敏感性，是一种极其专业化的工作。

西方在对历史建筑保护修复的漫长历史中，所积累和归结的几种保护修复的方式，有其必然的历史路径和渊源，而在近代史上特别是现在，他们已经非常理性地将历史建筑作为文化遗产，保护其原生形态作为他们的原则。我们根据以上各项不同的分类理念加以甄别和总结后，可以将其内容归纳为两种不同的保护理念：将风格性、文献性、历史性等保护理念中蕴含的可以对建筑物的现状扰动较大的修复方式，称为风格性的修复；将科学性、评价性的倡导尊重建筑历史演变特征和历史现状的修复方式，归纳为原真性修复方式。事实上，西方国家特别在意大利，风格性修复方式已经很少使用，主要使用的是原真性修复方式，以保证历史遗迹原生的历史信息，杜绝任何形式的混淆历史。而在我国，这种修复的原则还守不住，这里固然有我们木结构材料易损的缘故，更多的是和我们破旧立新的传统文化有关，和我们城市建设指导思想上的大干快上、新城新貌及经济利益有关，所以才会出现大量的原样复制、变旧为新的再造历史建筑。

风格式修复就是我们常说的修旧如故。所谓“故”，即为原建时的状态，是专注于对建筑风格的完善，将建筑肌体完全修复到原建时状态。一般对建筑肌体中非永久性建材，采用现代材料加工成原构件形状、尺寸，利用现代工艺将其表面处理成旧肌理的模式。这种修缮方式需要抹杀在各个历史时期改造时遗留下来的印迹，以及再造肌理与原物无视觉差异而较易造成戏说历史的局面。

原真性修复首先是对史料记载的掌握、历史价值的挖掘，对建筑历史各个发展阶段的层理进行合理正确的分析和研究，确定保护修缮正确、合理的方案。如对于历史建筑遗留下来的各个时期修补、加固后随建筑历史进程，演变成为建筑肌体上富有生命的印记，成为历史建筑文化遗产有机的组成部分，对此部分的保护则可以显现及丰富建筑历史层面。

原真式修复就是修旧如旧，着重对历史文献的尊重。在对旧的进行修补或添加时，必须展现增补措施的明确可知性与增补物的时代性，以展现旧肌体的史料原真性，进而保护其史料的文化价值，如对于斩假石之类的半永久性装饰粉刷及砖石竹木之类的永久性材料采取的做法。其原则是将朽坏糟烂、有害生物和污染痕迹进行剔除和清洗后，采用与之相近或相同的旧材料修补残缺与破损部位，使其达到“缺失部分的修补必须与整体保持和谐”的效果。

整体性保护的概念，就是不仅仅保护建筑物及其他体素，还需要保护它们的生存方式、文化氛围和风尚习俗。

总之，意大利人可以为了一睹历史建筑的残垣断壁而使车辆改道，为了一段历史的建筑废墟不受车轮滚滚的震动破坏而在路面之下加注防震的橡胶垫，为了历史建筑的遗址保存而将城市中心大面积黄金地段静置保留为国家公园。而现代，在意大利只要是50年以上的历史建筑物，都会立档入册，当作文物来加以呵护。

罗马的富有可以使你无法读懂城市的时代感，它可以使你迷失于千年的时空

内，富有得将价值连城的古董摆满街市。这些历史建筑犹如古罗马帝国皇冠上的珍珠，永恒地照耀着这座古老的城市。而这种长存的财富，是历史的创造和积聚的累累硕果。

同样道理，在我们悠久而灿烂的文明史中，并不缺少文化遗产，我们缺少的是一种对文化的尊崇；我们并不缺少历史的记载，我们的历史都在书上或地下，而独独缺少在我们的生活中。我们缺少的是一种文明史的呈现，缺少这些历史文化的遗存，无法让我们在生活中直接感知历史文明的存在，无法徜徉在历史中触摸圣贤们遗留的痕迹，无法倾听到先哲们发出的叹息。

我们也不缺少文化传承的理念，孔子说“温故而知新”，但“故”从何来，“故”又在何方？我们可以“焚书坑儒”，当然也可以将历史建筑付之一炬，造成现在这种“楼高路阔车马激”、千城一面的城市形态。我们自以为的现代文明人，依旧泰然地在“创造”这样的历史，其理由是“去旧迎新”。当我们现在所见证的诸如视城市历史文脉、科学规划和开发于不顾，致使那些历史建筑在各个时期以各种理由或被空置，或改造得面目全非，或干脆一拆了之的时候，我们是否意识到自己所做的一切，都将会作为一段历史，形成一种文化的积淀？历史将这些被漫长岁月已经折磨得体无完肤、支离破碎的建筑遗迹传承给了我们，我们有责任在这个时代赋予其生命的尊严，同时给予后代更多的文化遗产与尊严。唯其如此，我们的子孙后代就不会在墓沟瓦砾、片纸只言间寻找来路，将朽木残片奉为神物，也不必在悲哀的凄惨和悲壮的史诗之间徘徊。

初探“外滩源”

——没落的奢华之地

早在一千多年前，韩愈为重修滕王阁写记文时，开篇就追忆往昔：“愈少时，则闻江南多临观之美，而滕王阁独为第一，有瑰伟绝特之称。”而今在我初探即将重现风貌、重塑功能的“外滩源”之际，他一再告诫我“知古方能抚今，要想使这片土地的历史风貌重现，一定要找到当年参与历史进程的人物进行交流”。于是我在一个炎炎赤日的下午，来到了当年外滩的开源之地，循着150年前英国领事巴尔富带领商队抢滩登陆的路线，搜寻着外滩历史的踪迹……

当我过外白渡桥，沿南苏州河路向原英国领事馆走去时，仿佛遇见正在散步的英国领事巴尔富先生。在与他攀谈中，我提出了第一个疑问："早在五口通商之前，为什么你们会看上上海县城这片郊区的滩涂之地？"巴尔富自负而得意地答道："是啊，是我们把上海从一个小渔村发展成了一个世界级的大都市。"我又问："那你又如何解释当年传教士郭士腊和商人林赛躲藏在吴淞口芦苇荡中的事情呢？看到江边的那片芦苇荡了吗？"当年的传教士郭士腊给我指点着说："1832年时，我同一个叫林赛的英国商人乘船闯入上海，就躲在芦苇中向现在已经消失的十六铺窥视，我们惊讶地发现，七天之内竟有400余艘商船进入上海。事实上，我们是在中国漫长的海岸线上寻找除广州之外可以开拓的通商口岸。通过实地的调查取证，我们找到了值得英国议会支持的武力通关。"巴尔富也尴尬地补充道："其实在我们的情报中，早在清朝初期的海禁放松后，上海港的航线就已经通南达北地很是繁忙了。上海的临海、近江、倚浦的自然态势和天然良港优势，已使上海可以成为中国最大的商业中心，世界最大的港口之一。"

那么上海这种临海、近江、倚浦的自然态势及上海外滩特定城郊空间是在什么时期形成的呢？"其实最早可以追溯到600年前，明朝尚书夏元吉组织实施的'江浦合流'浩大工程，这为日后上海近代城市的发展奠定了深厚的基础。上海开埠前的外滩地区，已经不是有些传记中描述的那样衰草、哀冢、荒滩、野地的凄凉之地，而是经过明清两朝乡民的开拓，初步形成了简陋水陆交通设施的田园之乡。"我们正在沉思中疑惑的时候，土地公公不知什么时候从英领事馆中的百年老树丛中走了出来，他如是说。

1843年11月17日，上海开埠，外滩作为上海城市发展史上划时代沧桑巨变也随之启动。开埠之初，在英国领事馆登记的英国商人约50余人，还有一部分未经登记的船长、水手之类的。他们大多集中在外滩中部偏北的一处乡民叫作“斗鸡场”的地方及其北侧靠近黄浦江沿岸一带(今九江路)。这一地区也是外滩作为第一块租借之地,被外国人获得在上海第一份合法土地契证。现在称作外滩源的地方,最早的开发是在1845年中英协商《土地章程》后,是上海越界承租的第一个地块。英商托马斯·李百里指着外摊源的方向说:“我就是这块租地的第一位主人,租地的方位大体在李家场(今北京东路)以北,‘小河’(今虎丘路)以西,桥街(今四川中路)以东,曹氏家族墓地以南,总面积约20亩。而曹氏家族墓地以北、苏州河南岸以南、小河(今虎丘路)以东、至黄浦江路的这部分土地,则是英国第二任领事阿礼国于1848年强行划入租界之内,以建造馆舍的。在此期间,也就是1845—1847年间,外滩沿线已经可以看到英国式的城市魔术般地建立起来了。”

随着贸易、金融等行业在19世纪六七十年代的迅猛发展,凡具有一定实力的欧美商企,争相跻身上海外滩这块风水宝地,造成外滩用房的急剧增加,迫使当时上海外滩租界内的城市社区、建筑布局及结构进行相应调整。在这个时期,主要发生变化的就是现在称为“外滩源”地区的布局,英国领事馆将这部分囤积的土地,为各国侨民提供建造文化娱乐设施之地。与此同时,基督教会与中外文化人士

在此区域内合作，相继设立和建造了诸如博物院（1871年）、兰心戏院（1966年）和教会学校图书馆等设施，并于1866年建造了协和礼拜堂、1899年扩建主日学厅和1901年再次扩建并改名为新天安堂等一系列建筑。

而在此期间，作为城市形态格局的重要组成部分，也经历了历史沧桑的变迁。譬如现在的圆明园路辟筑于19世纪60年代英国总领事署后墙西面的一条碎石小路，初名为下圆明园路，1943年更名至今。虎丘路辟筑于19世纪60年代初，1865年取名为上圆明园路，1886年易名为博物院路，1943年以苏州虎丘山作为路名至今。香港路辟筑于19世纪50年代，初名诺门路，1865年易名为香港路至今。这是外滩源早期开发和形成相应历史格局的雏形。外滩源是西风渐进上海的登陆场，对海派文化的形成和发展有着深刻的影响。

历史赋予外滩源深厚的人文价值和景观价值。上海外滩的开源之地，曾经的奢华之地，既见证了上海城市发展的历史，也孕育了城市的辉煌。其建筑风格的多样性，从早期的维多利亚风格，到20世纪三四十年代流行的折中主义风格、装饰艺术风格，几乎一应俱全。透过这层层叠叠的时光，我们在拂去百年历史尘埃的同时，也打开了一段又一段的历史。透过那幢幢栋栋的岁月老屋，映入眼帘的仿佛是一件件斑驳而又精湛的艺术，诉说着神秘而又感怀的故事。光陆大戏院是上海最早且票价最高的西洋剧院，亚洲文会大楼是最好的东方博物馆和图书馆，真光大楼是最负盛名的商学院，光学大楼则聚集了最有影响的外侨出版社和西文报社……

苏州河怀旧系列影像策划

上海苏州河怀旧，我认为应该以苏州河的历史为底蕴，贯穿整个影像隧道的细枝末节，从其起源发展的每个历史阶段，通过发掘物质和非物质文化遗产，来反映上海城市发展的进程，来诉说人文典故和历史沧桑。

从沿河两岸曾经错落地散布着原生态的农田、湿地、芦苇、沟汉，冷僻的地方野气，到目击这座东方大都市的沧桑巨变，受西方殖民地、半殖民地统治的屈辱形成的历程；从为了这座城市独立、自由和解放而斗争的艰辛，迎接共和国黎明的喜悦，到改革开放后城市建设飞速发展的豪情，以苏州河两岸依然散落的桥梁、工厂、码头、历史建筑为主线，随无尽绵延东逝的河水，探究物质和非物质文化遗产的内涵，令人们于时尚的都市中惊鸿一瞥，窥得历史的真谛，满足怀旧的情结。

一、百年变迁中的苏州河主体

以苏州河变迁的历史画面为背景，以采访原住民、知情人为主体，按照由西向东现存的地段形态，穿插历史片段，补充经过考证的历史档案，说明文化遗产、风土人情等历史的、现状的发展形态，制作成一集集娓娓动听的 DV 故事，亦可编辑成一本本彩页书籍或杂志。

二、苏州河上的桥

沿苏州河两岸而行，可细细品味老桥的风韵；或陆路采访，或水路拍摄，将桥梁的建造年代、风格及历史上发生的人文逸事和风土人情作为主讲内容。穿插历史图片的桥，使其形成时光回溯的剪影，譬如加入苏州河的桥梁始建于 19 世纪末，为木结构桥，即沟通当时英美租界的苏州河口"威尔斯桥"的历史资料。20 世纪初，又在其侧面另建钢结构大桥，即著名的"外白渡桥"的历史资料。

19 世纪末至 20 世纪上半叶，位于上海城区的苏州河段，先后建成了 18 座大桥。19 世纪所建多为木结构，20 世纪初改为钢筋混凝土结构，譬如乍浦路桥、四川路桥、河南路桥、福建路桥、浙江路桥、西藏路桥……这些桥中不少为租界工部局所建或改建，且多带有浓郁的欧洲城市拱桥风格，其历史资料的核查及采访，相信会挖掘出连带苏州河的怀旧情结。

三、苏州河上的工厂仓库

代表上海工业的历史工厂、仓库，高高耸起的烟囱、水塔等构筑物，一样萦绕着城市发展的兴衰史、市井人间的悲喜情，譬如华光啤酒厂、造币厂、四行仓库等。现在的莫干山路55号的艺术仓库，历史上曾经存在的工厂仓库，都可以是我们的关注对象。

四、苏州河畔的历史建筑

建筑是历史的一部分，也是历史最重要的载体。脱离了历史建筑的城市，无论是形态或是意识，都只是虚无缥缈的城市。苏州河边那一幢幢历史建筑，就是一幅幅历史篇章，当您在苏州河边凝神关注时，您也正在关注着历史本身；聆听它们娓娓诉说古今多少人物传记、是非曲直，也是了解苏州河历史的一个部分。譬如坐落于四川路桥北的邮政局大楼，便是这些建筑中较为突出的一座。大楼建成于20世纪20年代中期，属折中主义建筑风格。8层高的塔楼雄伟而不呆滞，顶部为巴洛克风格的装饰亭，原有天使群雕和两组主题雕像环绕楼顶及装饰亭（“文革”中尽毁，现有的雕像为20世纪90年代的作品），配以大楼两侧的科林斯柱，显得端庄秀丽。楼内二层营业厅宽敞华贵，曾有“远东第一大厅”之美誉（现今的内部结构布局已有变动）。值得一提的是，该大楼为上海第一座钢筋结构和砖石外墙的建筑，竣工之际着实轰动了一番。

我是以一个历史建筑爱好者的角度，来策划怀旧艺术节的部分内容的，所以我的策划只是整个怀旧艺术节的一种补充。尽管怀旧艺术节的主题强调的是“非物质文化遗产”，但我认为文化遗产表现的物质和非物质不一定就分得那么清晰，因为文化遗产的表现一定有其物质的载体，只不过载体的形状、形式并不趋同而已。譬如某种戏曲的非物质文化遗产一定是通过特定的唱腔、做功、声乐、服饰等表现形式来体现的，其服饰是非物质吗？脱离了特定服饰（物质），这种戏曲也就不伦不类了。同样，一幢精美的历史建筑，会包含很多的艺术种类，譬如绘画、雕塑、彩绘玻璃等。其中的绘画可分为西洋画法和中式画法，雕塑又可分为木雕、石雕、金属雕刻等，甚至在一幢建筑中，每一个独立构成的构件都可能是一件精美的艺术品。再譬如外窗，假如我们将外滩众多历史建筑中不同形式、造型的窗户摆放在一起的话，那么简直就是一种窗户艺术的博览了。

一幢幢历经百年的历史建筑，从建造到使用，会涉及很多历史时期的人物和事件，如果我们好好加以利用，对于以“影像隧道”为主题的“苏州河怀旧艺术节”，则是一个取之不尽、用之不竭的源泉。而在当今的社会，关于历史建筑的保护、挖掘、利用，已逐步形成一种时尚，这和我们的主题“怀旧—时尚”恰好吻合。另外，关注历史建筑的社会阶层，譬如建筑师、城市规划师、工程师、开发商、学者、教授、媒体等，一般是当今社会可以引领时尚、推动时尚的一个不容忽视的群体，得到他们的关注，一样是我们策划的重点。

外滩 18 号保护建筑的功能转换

地处外滩的中山东一路 18 号建筑，原为英商麦加利银行，新中国成立后更名为春江大楼，为上海市第二类近代优秀历史保护建筑。这座始建于 1922 年的建筑，延续了外滩近代西方古典主义或折中主义的风格样式。建筑的外立面为花岗岩和水刷石，外窗套为巴洛克风格的石雕花饰，内部门厅及大厅墙柱为白色大理石，楼梯间地面为马赛克。室内顶面天花、墙柱面线脚、花饰，由精湛而又艺术的石膏制品造型来体现欧式建筑的风格。根据历史建筑保护类别，外立面保持原貌，内部保留平面布局及有特色的装饰要求。本次内部改造尽力使设计理念、材料工艺、肌理质感等接近原有的历史信息。

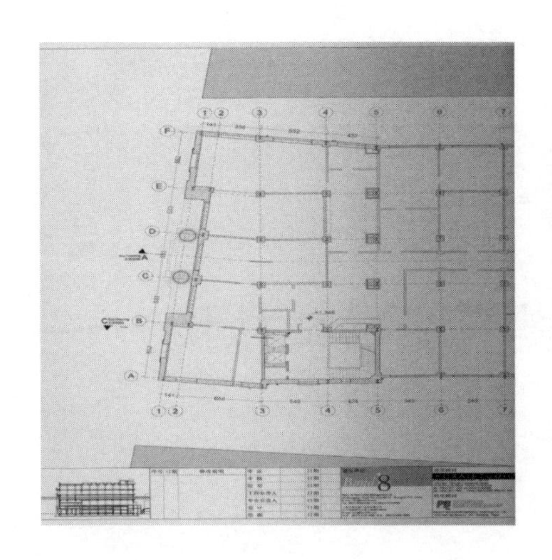

改建目标将使它成为一座集高档餐饮、购物于一身的时尚之都，成为新外滩商业的标志之一。大楼内不仅引进 Cartier 和 Zegna 这些世界奢侈品牌的旗舰店，还有以经营顶级粤菜闻名的“滩外楼中餐厅”和世界知名的米其林三星级厨师 LAURENT 和 JACQUES POURCEL 这对孪生兄弟开设的中国分店“Sens&Bund”；在 7 楼的屋顶玻璃棚内，更开设上海新一代的时尚酒吧 Bar Rouge。

滩外楼中餐厅也是其中之一。餐厅将聘请对粤菜研究颇有造诣的陶志海先生担任主厨。陶志海生于香港，23 岁时便担任主厨，之后辗转服务于世界各地许多著名的餐饮集团，曾担任过五星级台北香格里拉酒店的行政总厨。在这二十多年里，陶志海始终不懈于对粤菜的钻研与推广。粤菜属于中国的八大菜系之一，由粤菜、潮州菜、客家菜组成，取百家之长，用料广而精，配料多而巧，具有选料丰富，制作精细，味重清、鲜、爽、滑、嫩，讲求锅气，“五滋六味”俱全，且富季节性变化，注重营养科学等诸多特点。陶志海在继承传统粤菜的基础上，追求“真”的感受，以鲜、爽、嫩、滑为特色，撷取东西南北烹饪技艺之众长，以丰富多彩的物料和调料而创制出新派粤式菜肴。他糅合了南北风味，中西风格，并集菜肴、点心、小食于一身，讲究菜的原汁原味与新鲜。随着二十多年来中国的对外开放，特别是沿海城市与国际接触越来越频繁，渐渐融入国际市场，上海更以一马当先的态势，拥有

自己广阔的空间，这对于陶志海在上海推广粤菜的意愿，是非常有利的条件之一，相信他精湛的厨艺一定会为客人带来满意的粤式菜肴。

滩外楼中餐厅不管是地理位置还是内部装饰，大环境或者局部细节，都有可以仔细鉴赏之处。前往滩外楼用餐时，从神秘而庄重的水晶灯下走过，地砖和面砖都采用来自欧洲的珍贵石材，白色镶嵌了碎金，远看有璀璨的感觉。

滩外楼在为客人提供美酒佳肴和贴心、周密的服务的同时，也为客人创设了精神文化上美的意境。来自意大利Kokaistudios设计公司的总设计师Filippo Gabbiani是一位多才多艺的人，他不仅是一名对古建筑修复有丰富经验的建筑师，在威尼斯、哥本哈根、香港等地都有工作室外，还对玻璃工艺、室内装饰等方面的设计，有着丰富的成功经验。整个滩外楼中餐厅贯穿了他“个性化—开放空间—亲和力—私密不封”的设计理念，结合了他从本地选取的优良质料及在中国获得的色彩灵感，对中国传统元素发挥得淋漓尽致。以红色为主基调的装饰效果，给人一种华贵富丽的感觉。这中间重点体现在水晶造型的宫灯，更是突出了中国传统文化的精髓。

“风格性”修复方式赋予“原真性”的内涵，在完善历史建筑构件外观风格造型的同时，力求使修复材料、修复工艺接近原建时的状态。外滩18号室内外修缮方案的理念，在意大利设计师的方案中，着重考虑了“设计与形式的原真性,修复材料与实体的原真性,修缮工艺的返朴原真性”。因为建筑材料产于某一特定的时代,以特定的环境和案例构成文化遗产的物质因素,也是某一特定文化或特定民族在历史上逐步掌握的手工技艺和传统遗留技术;历史情感则主要表现在原有建筑肌理的美感和古色古香的感觉上。这种修复理念体现了施工企业保护历史建筑的技术能力,以及对建筑历史的尊重。在内装上,采纳东方的色彩和材料,吻合了外滩 18 号大楼所蕴含的深远的历史底蕴。有着独到之处的滩外楼中餐厅,自然在选址上也有其独到的眼光。在上海近代历史建筑最具代表性的外滩,融合了从民族到世界、从古老到现代的文化理念,强调了室内设计真正意义的所在,说明了装饰设计不是简单的拼凑,而是既有功能的必然需要。建筑艺术的装点,更少不了文化内涵的点睛之笔。

欧洲国家历史建筑保护之我见

当意大利首都这座被誉为永恒之城的古罗马如同画卷一样突然摊开在我面前的时候，也拉开了此次欧洲古建筑保护修复考察的序幕。我贪婪地阅读着这座历史古城历经千百年的兴衰枯荣，仿佛古罗马数千年的岁月都被压缩成了一个历史的断面，满目都是用石头铸成的史册。那一幢幢完整的建筑，一根根残缺的石柱，一堵堵颓废的墙垣，都在诉说着千年悲凉的高贵。它们或立或坐，或群居或独处；它们在今天的暮辉下依然不改往日的高贵尊荣，不改其经典的著称；它们以其零零散散的证据，炫耀着罗马帝国在欧洲这块大陆上昔日的荣耀与辉煌。

欧洲建筑的保护，可以上溯至几百年前，但形成城市建设规划方面较为有系统地保护修复的理念，却是在第二次世界大战后。对城市古旧建筑很少发生拆旧建新，而是将新的规划发展另辟蹊径，保留老区古建筑的形态、风貌，即使同市政规划发生冲突，新的规划也会尽量避让那些旧的建筑，不去破坏它。城市的新旧布局分开，维持新老和谐共存的局面，既保留城市的历史风貌与特色，又创新发展城市的未来。因此，在欧洲城市的旧城区内，不仅可以看到比比皆是的由古旧建筑形成的城市历史风貌，还会看到很多的古旧建筑的遗迹、遗址被限定在一定的范围内，使其呈现自然状态，成为活的历史教科书。这既是历史文物的标本，也是现代城市有机的组成部分。

从欧洲古旧建筑修复的形态看历史建筑的保护

欧洲城市建筑的建造历史都较久远,从公元之初到近代史的任何时期,都有大量的遗存。更有趣的是,很多建造年代并不久远的建筑,其建筑构件和人文历史却是源远流长,因为它们的部分有特色的建筑构件,往往是从某个古老的建筑遗址上取来的。所以,从其表面斑斑点点的修复痕迹上,可以看出在漫长的历史进程中,修复后所形成的肌体如同建筑生命的印记,随着岁月的沧桑,已然成为历史建筑不可或缺的一部分。当我们还在对原真性修复或是风格性修复争论不休的时候,看看这些可以清晰分辨新旧肌理的建筑表面,那一块块补丁就像一篇篇历史的乐章,浮现的是深邃的人文典籍和博大的古篇史章。

从欧洲城市建筑修复方式看历史建筑的保护

古罗马斗兽场是一座有着近千年历史的文物古建筑。早在几百年前,就因为宗教的改革而颓废败落,而历朝历代都是采取一种让其自然流失的方式进行保存,而未加以人工修缮加固。但通过这次近距离的观察,这座古老庞大的建筑事实上是在后人不断“干预”下,才得以保存至今,只是这种“干预”仅止于保护性修缮加固,而非保护修复,以保证该建筑的结构稳固性,避免进一步的自然坍塌。我们认为的听之任之的保持自然状态,其实质就是没有刻意地将其恢复原貌而已。譬如我们可以从砌墙体重看到,砖砌体的结构,石材拱券明显钢结构的加固,壁柱不同时期的托换,都证明了“干预”的痕迹。

从比萨斜塔的现状看其修复的理念

比萨斜塔的倾斜是造成其举世闻名的最大因素,所以保持这种倾斜的状态是各个历史时期保护修复专家的首要任务;也就是说,不能够修复至直立的原状,也不能够任其继续倾斜。这构成了保护的一大难题。首先,你要时时观察建筑倾斜的程度,要有一套切实可行的地基加固或者叫作地基对建筑纠偏的技术能力。其次,建筑本身在倾斜和校正的往复过程中,其结构必然会受到不同程度的损坏,所以有些外廊的石柱是曾经修复加固过的,甚至整根托换过的,以保证其结构的坚固性。而现代科技的发达,使用精密的探测仪器对建筑的倾斜变化进行探测,已不是一件难事了。从我们看到的比萨斜塔底层机器设备的设置,就足以证明。

从圣母大教堂的清洗看历史建筑的修复

哥特式建筑风格的圣母大教堂，是米兰市二战中保存最完好的一幢历史建筑，尖细、高耸入云的塔尖，修复所搭建的脚手架犹如飘在云端，而其安装方法则是外架内挑，在室内满搭脚手架，用来支撑外架的荷载。在约 20 米的高度，其清洗可能是经常性保持的，因为这种石质材料的建筑，采用高压水清洗的方式，由机械和人工共同完成，已经是一件很容易的事情。然而借助压力水清洗的方式，只适合于石材表面的清洗；而且，清洗的季节、气候都有一定的规定，一般是选择在夏季日照足的时候才能够施工，因为水在清洗的过程中，会渗透至石材的内部，如果温度太低，可能造成结冰冻融，毁坏石材的内部结构。

其内部的修复，采用部分一角的方式，从内部地面、墙面、柱面都可以看到修复的痕迹，从未试图掩盖修复的企图，给后人留下了历史的层次感。

从修复的方式看历史建筑的保护

看到欧洲的历史建筑，你会发现，它们都像几百年来从没有清洗过一样，却又不是全部都黑乎乎的。你能看见那上面有很清雅的石材肌理，但大多呈现风化日蚀后所留下的黑色污垢的表面。可见，他们的清洗不完全追求全部或彻底意义上的洁净，就像欧洲外立面为涂料饰面，涂料粉刷是属于半永久性的材料，所以，它一般允许修复改善；在修复改善的过程中，常常发现许多年代遗留的粉刷层，而不知依据那个层面的颜色、构造、形式为主，使每个时代的粉刷层都以一个合适比例的图形显现，以此来表达建筑的原真性和层理性，努力体现建筑历史的浓缩与混浊感，以及建筑本来精美的肌理感。

在欧洲，修复工程所采用的脚手架通常都采用类似国内的门式脚手架。脚手架的各层都有爬梯，可以方便工作人员上下，不用时，脚手架可以叠折于脚手架板下面，方便使用。而脚手架与墙体的拉接，主要通过原来墙体上安装拉结杆与脚手架拉结的方式连接。这样既避免了因为拉结造成损坏历史建筑的问题，又解决了拉结的牢固性。脚手架的防护网一般都是白色的，防护网并不一定是新的，但肯定不会出现破洞和飘溢的烂网，感觉很整洁。一般在最底部会采用白色的彩钢板及近似于我们的复合建筑模板作为维护结构。在临近街道的地方，他们多半在底部使用一种很宽的脚手架，形成一种钢结构的安全通道，并在脚手架上设置警示灯作为标志，也有在外围加注一圈黄色专用的围挡，并在脚手架的每个立柱上套上 1800 厘米高度的塑料制品套筒，防止行人碰撞受伤。如果是普通的钢管扣件式脚手架，在扣件突出的地方，会安装专用的黄色塑料防护罩。他们就是通过这些措施,来保护过往行人的安全。

脚手架最外面有大型的彩幅原立面1∶1的比例,表现原有的立面,既美化了建筑工程的环境,也可以阻止因为外墙清洗、修复产生的灰尘、噪声、污水。在梵蒂冈广场外向台伯河方向的一组正在修缮的建筑,当我远远望去时,根本没有发现是一个搭满脚手架的建筑工地。直到我从圣保罗宏伟的圣殿中走出,才看出建筑的另外一个立面出现一块不和谐的断面,仔细一看方才发现,那是一个正在修缮的建筑工地,只不过他们在立面脚手架上,按照修缮建筑的原貌1∶1的彩绘喷涂复制了建筑的立面。所以,远观时它依然是一个完整的建筑形状,在近距离地观察了这种防护措施后发现,这种防护在功能上经过幕布的遮挡,使立面在修复、清洗的过程中形成的噪声、灰尘、污水和异味得到了很好的隔离和屏蔽。在效果上,由于拟现建筑立面原状的视觉效果,美化了建筑工地的形象,减少了在视觉上的城市污染。这种工程的防护措施是非常人性化的,很值得我们借鉴。当然,这部分的彩绘喷涂由于本身材质、色彩等逼真、坚实的程度,其成本也是可观的,但建筑工程的成本不一定会增加。因为彩绘喷涂布的一端总会有一块醒目的广告出现,实际上他们的解决之道在于广告商负责整个彩绘喷涂的制作、安装、维护的费用,这就形成了一个良性循环的社会效果。

施工周边的环境设置

维护结构通常采用彩钢板,包括临时设施办公室、仓库也是彩钢板所搭建的,包括部分出入口的防护同样采用彩钢板。

历史建筑修复工程的宣传介绍,一般采用彩色招贴画的形式,将该建筑原有的历史风貌、所处城市的地理位置、建筑劣化的状态、本次修缮的部位、修缮的实验效果及将要修缮的效果等用图片一一展出,将历史照片从古至今的顺序进行有序排列,并配以文字说明。这种方式使自己的工作思路清晰明了,使外界得到了解的机会,能够给予更多的理解和支持;同时也丰富了围挡的空白墙面,美化了建筑施工环境。

八仙桥基督教青年会的前世今生
——建筑的历史变迁

※ 20世纪30年代八仙桥区域风貌

在上海市西藏南路123号，矗立着一幢风格迥异的建筑，也就是上海八仙桥青年会，靠近西藏路一侧的建筑外形犹如北京的箭楼，飞檐斗拱，内部雕梁画栋。提起上海八仙桥青年会，现如今大概知道的人已经不多。曾经的辉煌是在20世纪30年代，它被誉为当时远东最豪华的基督教青年会会所，距今已有八十多年的历史。其间无论是中西合璧的风格样式，或是会所内发生的人文逸事，都没有在风雨沧桑中消减它的魅力。

这幢始建于1929年的建筑，是由中国近代著名的建筑师李锦沛、范文照、赵深等合作设计，中西合璧的建筑风格既体现了上海近代史上海纳百川的文化意韵，也折射了那个时代的建筑师敢于冲破古代的等级束缚，摆脱传统建筑故步自封、停滞不前的设计思想。而位于当年法租界的地理位置，以及当时动荡的局势，也为这幢历史建筑增添了不少的传奇色彩。

青年会(Y.M.C.A.)本是一个国际性的跨宗教派别的青年活动团体和社会服务团体,1844年,由英国伦敦商人乔治·威廉斯发起组建。在中国最早成立青年会的,是1855年福州英华书院和1856年通州潞河书院先后成立的两个学生青年会。1896年天津青年会成立,这是中国第一个城市青年会。

上海的青年会成立于1900年1月6日,由35位基督教青年在博物院路(今虎丘路)上海亚洲文会召开的"上海基督教中华青年会"成立大会上发起的,发起人有颜惠庆、张振声、宋耀如等当时的社会名流。1908年,女青年会也相继成立。虽然青年会是宗教组织,但对信教及不信教的青年一视同仁,做了不少德、智、体、群方面的工作,在社会上有一定的影响,以至于直到20世纪50年代,上海人口头禅中仍有"这人有青年会习气"的说法,这是什么意思呢?也就是"喜欢跳舞、打球,爱交际,说话洋腔洋调,追求新事物"。上海青年会在1909年就造了健身房,还举办过由全国青年参加的、包含15项比赛的大型运动会。青年会还是20世纪三四十年代青年们进行爱国活动、学术讨论及各种集会的场所。

青年会从一开始就秉持"我不是来传教的,而是来服务的"原则。1919年,青年

会主办的刊物《青年进步》取消了《圣经》研究的栏目，在世界青年会中被视为开放先锋。20世纪20年代，青年会管理层已全部是中国人，仅有三名外国传教士且只是名誉理事。

青年会之所以在中国如鱼得水，在于青年会中国领袖们并不追求基督教在中国的本土化，而是建设一种融合基督文化与东方文化的具有普世价值的世界文化。这种世界文化不是表面地合并各种宗教，而是彻底地融合，从而创建一种既不是中国的、也不是西方的"世界文明"景象。如同柴约翰曾经说过的那样："墨翟比耶稣更适应中国的现代宗教运动。"

据上海《民国日报》1919年10月9日在一篇题为《孙中山先生<改造中国第一步>演说》中的报道，1919年10月8日，孙中山先生参加了上海基督教青年会的国庆会，并在会上指出中国基督教青年会是进步的组织，而且放言"统观中国今日社会之团体，其结合之坚，遍布之广，发达之速，志愿之宏，孰有过于中国基督教青年会者乎？是欲求一团体而当约西亚之任，以领带中国人民至迦南乳蜜之地者，舍中国基督教青年会其谁乎？"可见青年会在那个时代的影响力的确非常大。

上海青年会会所最初是在北苏州路四川路附近租赁房屋，开辟了阅览室等，后迁至南京路江西路；后来得到捐款，又有商界人士朱葆三赠送的一块位于四川路桥南堍的土地，于是才建造了正式会所。1907年11月，上海基督教青年会四川路会所落成，内设国内第一个健身房。直到1929年，上海基督教青年会在法租界敏体尼荫路（今西藏南路123号）开始建造新会所，于是有了如今的八仙桥青年会大楼。

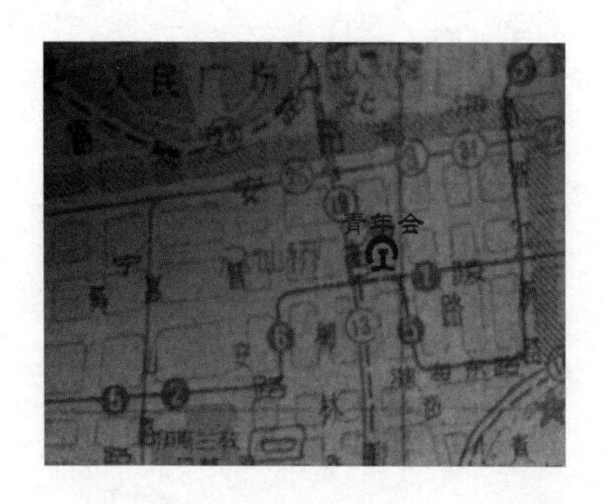

二、建筑风格的形成

上海青年会建筑位于现在市中心黄浦区的西藏南路上，地处金陵东路和宁海东路之间，与“大世界”相邻，又与上海音乐厅隔路相望。建筑的整体布局为坐北朝南，但主要出入口和主要立面都在西藏南路上，所以，有人认为这座建筑是坐西朝东的建筑，只不过西楼是它的主要立面而已。西藏南路原为法租界的敏体尼荫路(BOULEVARDDEMONTIGNY)。在建造时的图纸上，我们可以看到“上海法租界西区青年会大楼”(英文名为：CHINESEY.M.C.A.BUILDING 中华青年会大楼)的字样，包括腰线花饰和入口处门的形式，设计图纸在建造时都有过修改。

青年会会所建筑既有现代气质，又有中国传统特征。其主要的特征是，平面布局呈中国院落式布局，尽管其建筑的主要出入口和立面都在西面，但仅从其平面布局来看，依然呈现坐北朝南、后高前低、四面围合、中间天井的中国院落式建筑的传统，可谓布局合理、尊卑有序。

有人说，这幢建筑有北京箭楼的风格。现在我们已经无从考证建筑的设计者是否在设计时，参照了箭楼的形式。但从两幢建筑的风格样式进行比较，我们也许可以得出这样的结论。

北京箭楼建筑的形式多为砖砌堡垒式，城台高12米，门洞为五伏五券拱券式，开在城台正中，是内城九门中唯一箭楼开门洞的城门，专走龙车凤辇。箭楼为重檐歇山顶，灰筒瓦绿琉璃剪边。而青年会会

所的特征主要表现在靠近西藏南路的主立面上，西立面采用与箭楼相同的横三段式的构图，下部三层采用浅色的仿花岗石饰面；在二层底部收分至三层顶部，类似于箭楼堡垒式的底座，底座的三层仿石饰面高度12米，并施以腰线花纹装饰；两层拱券式的入口高度在8米，可与城门媲美。三层以上采用泰山砖饰面，在立面上方的长方体窗户有序布局，与箭楼中间墙面的箭口一样排列有序；在横三段的最上层部分，其八至九层顶部上下重檐，檐下饰斗拱、绘彩绘，挑檐屋顶为蓝色琉璃瓦。箭楼的特殊之处在于屋面为平屋面，重檐是上小下大，尽显大珠小珠落重檐的韵律感和稳重感；而青年会会所的重檐是上大下小，着意营造现代建筑平屋面的平稳的构图形式。从以上的比较中我们不难看出，两者在外在形式上有很大的相近性。

上海青年会作为当时远东最豪华的会所，其建筑的文化形态或者说是风格样式，归纳起来是有若干个方面的因素所构成的。

一是设计思潮：中国近代史本身就有中西交融的特点，这可以从诸多经典作品及建筑师本人的身上，找出时代发展的轨迹。像李锦沛、范文照、赵深等20世纪二三十年代涌现出来的近代建筑的先驱者们，经他们不懈地介绍西方建筑，整理中国建筑遗产，并在此基础上创建名作，这与当下建筑设计无视历史文脉的继承和发展，放弃对中国历史文化内涵的探索，显然是不同的。因此，青年会建筑在当时的上海，无疑是中国古典主义建筑复兴的代表作。

二是宗教因素：罗马教廷第一任驻华使节刚恒毅确立的北京辅仁大学校舍的建设方针是：整体建筑采用中国古典艺术式，象征对中国文化的尊重和信仰。他说："我们很悲痛地看到中国举世无双的古老艺术倒塌、拆毁或弃而不修。我们要在新文化运动中保留中国古老的文化艺术，但此建筑的形式不是一座无生气的复制品，而是象征着中国文化复兴与时代之需要。"在华教会采用糅合中国建筑形式的最终目的，是想以这种与众不同的建筑形态来反映真正的中国精神，充分表现出中国建筑美学观念，为创造性地解决这一问题提供了范例，同时也影响了后来教会建筑的建筑风格。

三是中国固有式建造的时代要求：上海青年会建筑样式的形成，也与当时国民政府所倡导的发展中国固有式建筑的政治需求有极大关系，同时期建造的南京中山陵、上海江湾政府大楼等建筑，也具体体现了这一要求。

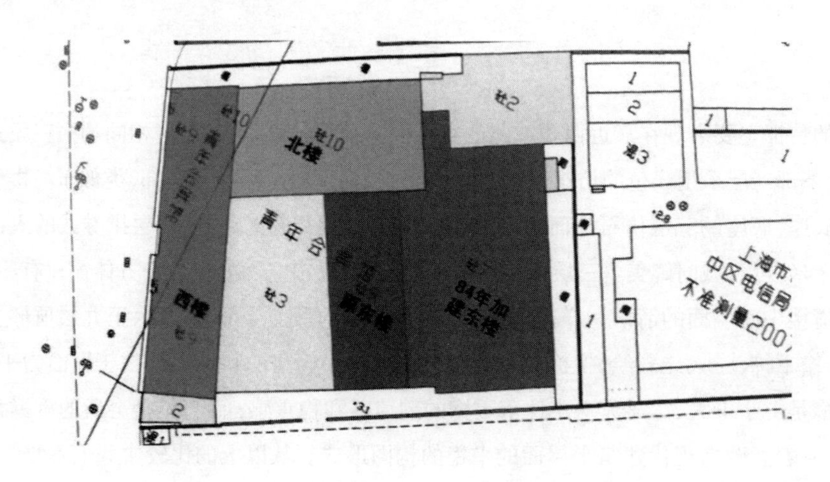

三、建筑装饰的特点

沈福煦先生在《中国建筑装饰艺术文化源流》一书中指出:“一座建筑中的装饰,全面地反映着它的本质特征。要研究一幢建筑的文化,通过对建筑装饰的研究,能小中见大,能见其一斑,这就是建筑装饰的特殊性及其价值了。”

青年会会所建筑采用中国传统的雕栏画栋、彩瓦飞檐的装饰,来诠释民国时期中国古典建筑的复兴。其建筑内部装饰采用中国宫殿和玺彩画、朱红方柱,门扇仿中国宫殿建筑的八交六椀隔窗,重檐飞挑、蓝色琉璃瓦面。

传统建筑的建造形式或者装饰色彩,都受封建时代非常严格的营造等级制度的制约。譬如说建筑装饰色彩,古建筑的色彩中既有民俗性,也有伦理性,在大型公共建筑中主要是以伦理纲常为准则的,像柱子的颜色,屋顶和墙面的颜色等,都有规定。帝王宫廷中的柱子用红色,诸侯用黑色,大夫阶层用青色,民间用黄色(本色)。从另一个方面来说,古建筑色彩的装饰性也很重要，总是与形保持风格上的一致性，结构即装饰，美在其色彩和工艺。青年会建筑从装饰特征上说有两方面的内容，一是建筑部件的色彩，二是彩画。

青年会建筑所具有的中国建筑优美的建筑形体，更多的是体现在飘忽流畅的屋顶上，譬如其蓝色的琉璃瓦，出挑深远的两重檐口，简单层叠的斗拱。蓝色的琉璃瓦在古建筑中寓意佛教的敬天之意。一般在宫殿中与“天”有关，在宗教建筑上多为道家，而该建筑也属于基督教的宗教建筑。在这里，建筑部件色彩的寓意性得到了很好的传承与发展。

中国古代建筑色彩，与装饰艺术关系最密切、最具民族艺术特色的，要算是彩画了。彩画也是我国古建筑及其装饰艺术中的宝贵财富之一。在青年会建筑中，二层大部分区域的天花，呈现繁简不同的彩画形式，看去非常精美、典雅而古色古香。顶部天花装饰，藻井用方格，符合整个室内的平面形象。

彩画在古代，也是须有一定等级的建筑才能做的，用什么样的彩画，大有讲究。譬如在青年会建筑中采用的和玺彩画，就是最高等级的彩画。北京故宫三大殿就是金龙和玺彩画，后三殿用的是龙凤和玺，天安门上是莲草和玺彩画。但作为民国时期的建筑，其彩画从内容、形式、材料及画法上，都进行了简化和改制。

新中国成立后,上海青年会会所二、三楼为中华基督教青年会全国协会、女青年会全国协会和上海基督教青年会的会址,并辟有群众活动室。二楼大礼堂有400平方米,有2200个座位。底层西侧沿街设商铺,北侧原为上海商业储蓄银行八仙桥分行,后为铁路局火车票预售处,北侧通道供大楼内部使用。南侧原是金城银行办事处,解放后是邮电局及报刊门市部,以至于现在还有人到这里买火车票。

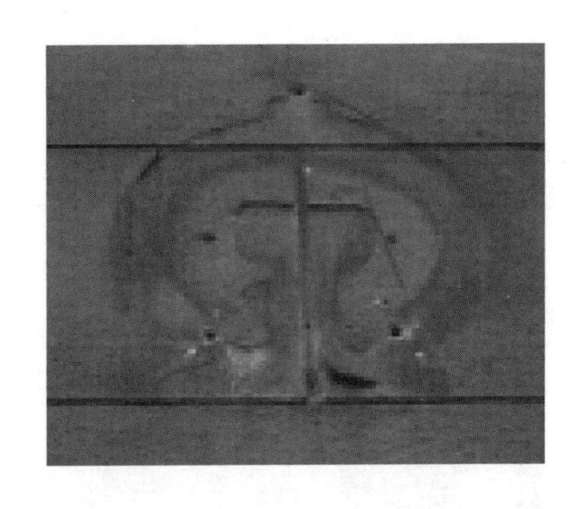

四至八楼曾一度为淮海饭店,后来改为青年会宾馆,九楼为餐厅。十楼加层部分原为太极拳的教练之地。底层的健身房后来改为西藏路体育馆。现在,青年会会址是上海市锦江(集团)公司下属三星级旅游涉外宾馆——上海青年会宾馆的所在。

1984年由上海锦江集团租赁作为青年会宾馆运营,在原楼东侧拆除了原来的三层钢结构房屋,按照西楼的泰山砖饰面风格,新建了八层的东楼。改建后的青年会宾馆建筑,一层为商店和办公,二层为办公与会议室,三层为办公、美容健身房和部分客房,四层及以上部分为宾馆的客房。也许在这个时候,二层礼堂部分增设了夹层;20世纪90年代又改为典当行、邮政局及邮政储蓄所等使用,南侧过街楼下方设文具礼品商铺。

1989年,青年会宾馆被上海市市政府列为市级文物建筑保护单位、上海市二类优秀保护建筑。

五、青年会宾馆的新生

目前,整幢大楼租给锦江集团青年会宾馆有限公司使用。因大楼历经80年风雨已显沧桑破旧,宾馆方近期对整幢大楼进行了全面保护性修缮装修。希望通过本次保护修缮,提高建筑的安全性和宾馆内部功能设施现代化程度和舒适度,以期延续文物建筑的使用寿命,全面综合地提升大楼自身的有效使用价值。

由于是文物建筑保护单位,根据2008年4月2日上海市文物管理委员会的文件《关于八仙桥基督教青年会大楼重点保护内容的意见》(沪文管发[2007]1006)号的要求,大楼的立面、结构体系、基本平面布局和有特色的内部装饰不得改变,其他部分允许改变。又根据八仙桥基督教青年会大楼保护内容专题会议精神,保护修缮后的效果要达到:外立墙面经过修复清洁后,基本恢复原材质面貌,并达到整体协调;外墙面孔洞及缺损部位通过修复后,基本与周围颜色一致;通过对外墙面的加固防风化保护,使墙面强度及防水性能有所提高;装饰斗拱及彩绘原貌恢复,重描部位与周边颜色基本一致;楼梯踏步、水磨石地面、水磨石扶手及少量大理

石通过清洗和修补后，颜色及强度与原材质相近；铸铁栏杆及其他保留铁构件须经过除锈和缓蚀、防护处理；木构件门窗恢复历史面貌，所有木构件都经过防腐、防水、阻燃处理；屋檐琉璃瓦清洁并做保护修复。

相信青年会建筑在经过这次保护性修缮后，可以重现其八十年前的风采。随着青年会建筑的新生，也许我们可以沿着这些历史的痕迹，唤醒老上海人对这座城市更多的记忆……

第三篇　管　理

变革生产方式　改善劳动环境

——建筑装饰行业施工管理和技术的发展方向

跨入21世纪，带给企业的是全新的发展观念，我们迎接的是一个环境保护和劳动保护都高度重视的新时期。然而，在建筑施工工地，太阳暴晒、繁重的体力劳动和大量的手工作业，包括恶劣的工作环境，是工地上的常态。尽管建筑装饰施工所处的环境相对好一些，不过施工作业手段与现代“环境保护”“劳动保护”这两大理念还是不很合拍。装饰施工现场仍以传统的“割”“裁”“锯”“钻”“刨”“磨”“敲”“粘”“刷”“粉”“抹”“喷”十二道手工工艺制作为主。行业性技术滞后现象与时代要求相脱节，显然不符合新世纪生产力及科学技术发展的要求。一直被人们所关注和追求的生活发展、生产活动环境质量依然没有得到有效改善。传统的手工制作与安装方式，给建筑行业带来的劳动保护隐患比比皆是，如现场使用小型工具实施“割”“裁”“锯”“刨”的作业工艺，造成的断指之痛常有发生；“钻”“磨”“敲”等高强度作业造成的耳鸣眼花、腰肌劳损不可回避；

"刷""粉""抹"作业,长年累月处在尘埃飞扬的环境,造成诸如矽肺等疾病不可说没有;相应的"粘""喷""涂"工艺,一些苯类有害气体弥漫作业空间,使人头昏脑涨、咳嗽流泪是经常的事。从一个建筑装饰企业的层面来说,能够推动装饰行业的工艺改革,实现施工现场的环境和劳动保护持续推进,是我们的社会责任。在建筑装饰市场环保观念和社会服务配套条件尚未完全成熟的情况下,如何开展工作?公司技术部门接受了总经理的提议和委托,进行了以下几方面的尝试。

一、对建筑装饰行业生产方式进行分析

1. 施工现场现状:传统的作业方式

(1)作业手段的原始性。装饰行业大部分作业至今还处于手工制作阶段,如果说有进步的话,也仅仅是动用一些小型电动工具。就整体操作而言,实际仍然是手工作业性质。

（2）分工非专业性。尽管装饰工人分成若干不同工种，但是，这只是一种非专业化性质的原始分工，不能体现系统专业化的优势。就操作工人而言，零部件加工和安装不分开，混杂地由一组人自原材料开始至安装到位最终完成；就现场操作空间而言，零部件加工与安装混杂在一起，没有按不同工作内容和不同技术难度进行专业分工，干燥、潮湿和粗活、细活混合在一个作业面，灰尘、噪音及异味难以消除。

（3）生产处于传统的作坊性质。现在装饰工程作业，大多数仍然采用一张桌凳、几件小型工具，按照现场已有条件，进行"量身裁衣"的传统手工作坊式的加工和安装。这种方式多年来没有多大变化。

（4）社会行业性加工配套和技术支持能力缺乏。

2. 装饰工地需要重视劳动保护条件的改善

装饰工程的材料千变万化，天然的、化学的、合成的、液体的、固体的、成品的、半成品的、原材料的，通过施工过程的整合，最终完成成品。然而传统的作业方式，操作工人很难避免以下因素的侵袭而产生伤害。

（1）化学因素

a. 生产性毒物，如铅、苯、汞、一氧化碳等。

b. 生产性粉尘，如矽尘、水泥尘、石棉尘、有机粉尘等。

（2）物理因素

a. 异常气象条件，如高温、高湿、低温等。

b. 异常气压，如高气压、低气压。

c. 噪声、振动。

d. 非电离辐射，如紫外线、红外线、射频辐射、微波、激光等。

e. 电离辐射，如 α、β、γ、X 射线等。

（3）施工环境

a. 环境因素的作用，如炎热季节的太阳辐射。

b. 建筑工程平面布局的有限性，如有毒与无毒的工种交叉作业。

c. 来自其他生产过程散发的有害因素的生产环境污染。

d. 施工现场的机械噪声。

3. 在建筑装饰材料市场中，环保观念和水准参差不齐的现状

（1）缺乏具有覆盖宽度的装饰环保产品。尽管装饰材料有害物控制规范已经发布多时，装饰材料环保化在气势上有很大起色，但实际进展并不明显。

（2）目前普遍的消费观念是更关心造价，而环保、优质优价意识相对薄弱。

（3）社会管理跟不上。一方面检测技术不成熟，检测管理存在一系列漏洞；另一方面，执行规范力度不够，存在着较大的随意性。

鉴于以上操作手段、作业环境因素、原材料现状的分析，要改善装饰施工现场工人的生产环境，必须从作业源头加以改善和提升。装饰施工必须以改变手工作业方式为契机，开拓和研究工厂化加工配套技术，来改善施工作业环境和满足劳动保护条件。

二、以改变生产作业方式来改善劳动环境的研发措施

1. 发展从工厂化到总装式施工模式，为环保施工提供新技术和新工艺的途径

依靠技术研发来改变施工工艺节点的优化组合，编制装配式施工工艺技术标准及标准图集，来支撑装饰工程工厂化进程，分阶段实现装饰施工现场装配化的标准化工作方式，这是改善现场作业条件的唯一途径。在木门、墙裙、地板、踢脚线、顶饰线等木作分项工程施工装配化的基础上，要向广义的装饰施工总成化方向发展，使工厂化配套由木制品逐步延伸至地面、顶面、隔墙等装饰领域，同时研究适合于各类界面的组装加工安装的工艺标准。譬如石材、金属、玻璃、饰面砖、地坪等材料的组合预装配化加工，可以改变以往在现场对构配件的再加工、重复组装的状况。试行“构件工厂定制预装配、施工现场总装配的实践”，可以充分利用工厂装备优势，杜绝或减少加工过程中产生的有害物质，同时也可大大减少施工现场作业人员，降低各种工伤事故的发生概率，最终达到改善施工现场作业环境，缩短装饰施工周期，获得劳动保护成效而降低劳动保护成本的目的。

2. 室内环保检测实验室的建立和认证，为环保施工提供质量依据

要实现施工现场环境改善，必须有科学的检测手段。我们在2002年开始筹建“建筑装饰室内环境检测”实验室，在2003年2月通过国家计量认证和注册登记等各项标准化工作，逐步建立起了一套比较完整的科学室内装饰监控和检测体系。在实验室支持和配合的基础上，公司技术部门研究探索了几种环保施工措施。

a. 调整作业工序，控制有害气体释放速度及单位程度的释放量。通过实验研究发现，甲醛等有害物质在现场的释放

速度并不是恒定或直线上升的，而是有所变化或收敛。这说明我们可以从调整工序入手，寻求物理封闭和局部控制有害气体释放速度，让有害物质在单位时间内的释放量，通过工序限量调控来满足空气质量的最低允许度。例如一张 2.44 × 1.22M 的人造板，其游离甲醛释放量为 0.12Mg/m3，基本达到临界状态。如果在一个小空间内大量使用，在综合空气质量评价中 TVOC 可能发生超标情况。那么采用控制有害气体释放速度，是一种行之有效的办法。当然，这也是在材料市场环保产品不规范的情况下的一种被动措施。

b. 把握原材料污染及声、光、色物理污染的设计源头。要求设计师设计时，加大环保材料的利用和适应工厂化制造的装饰配件，从设计开始，控制原材料污染源及减少施工现场的作业量，并从以下角度进行培训。

◎从生态平衡出发，注重控制自然资源浪费。努力引导、说服业主使用人工复合再生材料，如必须使用天然原材料时，要努力将其控制在最少的合理程度。譬如使用以蜂窝铝板为基层，黏合 2~3 厘米厚的天然石材；以再生材料为基层，表面复合 0.8~1.2 厘米厚的稀有树种木皮工艺等等，使珍贵的天然材料得以成倍利用，尽力减少不可再生的自然资源消耗，使整个装饰材料的使用符合保护自然资源的原则。而大量复合材料的使用，项目工地与工厂之间的社会合作关系又得到了更好的配合，工地上物理、化学污染得到有效控制。

◎从装饰工程的时效性及控制环境恶化出发，使用可化解再生的装饰材料。

◎从有利于作业者和居住者的健康出发，控制施工阶段和实用阶段自身作品的声光色污染。提倡一个理念：室内装饰设计是美学与健康的融合，要充分注意特定场合环境控制配套设计，精准确定光的照度、反射度，控制发光源的性质，避免过度刺激人的视觉神经；杜绝使用强烈刺激性色彩、过度快速的色彩跳跃和曲线的过密布置，避免激发人的反常情绪。要根据特定场合，配置适宜各阶段特定需要的声光色，创造一个健康的作业、生活环境。

三、对环保型材料主要种类进行分析

在进行劳动保护措施研究中，对装饰材料实施分类、定义和使用分析。

基本无毒无害型，是指天然而未经污染、本身没有或极少有毒有害的物质、只进行了简单加工的装饰材料，如石膏、滑石粉、砂石、木材、某些天然石材等。但对其两次加工可能造成粉尘污染。

低毒、低排放型，是指经过加工、合成等技术手段来控制有毒有害物质的积聚

或缓慢释放，因其毒性轻微、对人类健康不构成危害的装饰材料，如甲醛释放量较低、达到国家标准的大芯板、胶合板、纤维板等。

目前的科学技术和检测手段无法确定和评估其毒害物质影响的材料，如环保型乳胶漆、环保型油漆等化学合成材料。这些材料在目前是无毒无害的，但随着科学技术的发展，将来可能会有重新认定的可能。

目前主要环保装饰材料有以下几种：

环保地材。植草路面砖是各色多孔铺路产品中的一种，采用再生高密度聚乙烯制成。可减少暴雨径流，减少地表水污染，并能排走地面水，多用于公共设施中。

环保墙材。新开发的一种加气混凝土砌砖，可用木工工具切割成型，由一层薄砂浆砌筑，表面用特殊拉毛浆粉面，具有阻热蓄能的效果。

环保墙饰。草墙纸、麻墙纸、纱绸墙布等产品，具有保湿、驱虫、保健等多种功能。防霉墙纸经过化学处理，排除了墙纸在空气潮湿或室内外温差大时出现的发霉、发泡、滋生霉菌等现象，而且表面柔和，透气性好。

环保管材。塑料金属复合管，是替代金属管材的高科技产品，其内外两层均为高密度聚乙烯材料，中间为铝质，兼有塑料与金属的优良性能，而且不生锈，无污染。

环保漆料。生物乳胶漆，除施工简便外，还有多种颜色，能给家居带来缤纷色彩。涂刷后会散发阵阵清香，还可以重刷或用清洁剂进行处理，能抑制墙体内的霉菌。

环保照明。这是一种以节约电能、保护环境为目的的照明系统。通过科学的照明设计，利用高效、安全、优质的照明电器产品，创造出一种舒适、经济、有益的照明环境。

通过劳动保护环保教育、环保设计、环保材料的选择、施工工艺改革、工厂协作装饰组装化加工，以及实施施工现场环境监控、检测的有效控制措施，能大大减少生产过程中的各种有害因素，使装饰工地的劳动保护迈出坚实的一步。

四、总成工厂化与劳动保护意义的研究

所谓装饰总成工厂化，是指装饰工程将零件加工和部件安装彻底划分开来，零件加工完全在工厂里进行，施工现场只是部件在六面体上的安装，而且加工与安装分开，不仅仅局限在木装修等几个装修内容上，而是遍及、覆盖所有装修施工内容。

这个想法的灵感来源于汽车装配流水线。一辆汽车由“底盘总成”“方向总成”“灯光总成”“仪表总成”等几十个总成组成，而这些总成又有各个专业工厂加工而成。那么装饰工程也可以按照“墙、顶、地”“木、钢、瓷”等进行分类，由专业工厂预制成部件总成，实现工地总成装配化施工。

实现工厂总成装配化施工，意味着装饰零件加工与部件安装彻底分离，零件加工完全脱离施工现场，由工厂承担；现场装饰工人将与零件加工脱离，成为部件安装工。只有这样，装饰现场工人的作业环境才有可能得到充分改善。

装饰现场劳动作业环境的改善，并非简单地将不利因素转嫁到配套加工厂。工厂配套的大型专业加工机械、工业厂房、环保设备及科学的流水线，为作业工人提供了良好的工作环境，这些环境则是施工现场条件所缺少的。所以说，装饰总成工厂化为装饰职业健康安全和环保意识注入了生机，它必将成为装饰行业的一场真正革命。

意义之一：工厂总成装配化的实现，将结束装饰行业手工及小型工具操作的落后态势，使之步入工业化领域，能有效降低劳动强度。

意义之二：形成劳动生产率、劳动工作环境改善的趋势，降低事故的发生。

意义之三：形成质量提升趋势。由于零件完全在工厂集成化预制，产品质量、形态的稳定性达到新的高度，从而推动标准更高的质量评价体系的建立。

意义之四：形成企业素质提升态势。相比传统施工方式，工厂总成装配化需要具备更多从事复杂工作的专业技术管理人员，项目管理将注入更多智力成分。

意义之五：职业健康安全得到保障。在下表中的数据变化可以看出我公司在装饰施工现场劳动环境改善的程度。

改变装饰工程项目对职业健康安全和环保意识的观念，是变革生产方式、改善劳动环境的重要手段。施工过程中重视安全技术及劳动保护的事项，涉及机械操作安全、用电安全、化学危险品泄漏、高处作业安全及逃生、急救预案，以及环保方面的水、气、声、渣等方面的控制，一切要从设计、加工、施工总装配等系统环节考虑入手，缺一环将事倍功半。

公司实行装饰工程以工厂加工为主的总成装配化施工变革，与环保实验室环境的监测和劳动保护治理监督制度的建立，确实给各方面带来了实质性的利益。公司目前工厂化率基本达到60%以上，现场施工人员的作业环境得到了较大的改善，也降低了安全事故的发生。企业在劳动保护和环境保护方面的科技含量有长足提高。同时，随着劳动保护措施的推进和落实，改变了装饰作业的传统方式，也增加了其他科技管理智力成分，企业技术层次、员工整体素质获得了全面提升，使企业在持续发展的道路上进步更快。

开阔眼界　拓展思路

——浅谈参加 2003 年中国建筑装饰行业科技大会的感想

此次我们有幸随谢建伟总经理到北京参加“全国建筑装饰行业科技大会”，是公司给我们青年工程师“开阔眼界，拓展思路”的机会，也是公司根据“三年发展纲要”人才战略培养计划实施的一部分。

在“企业家论坛”会议上，我们聆听了深圳、上海、北京、江苏等地多位装饰行业领导者的演讲，他们有的论述了企业文化，有的谈起了核心竞争力，有的演讲了企业家的社会责任。他们的真知灼见引起了与会者的共鸣和深思。尤其是谢建伟总经理以“关于建筑装饰企业技术创新体系的若干问题”为命题，在企业家论坛上的发言，由于其命题切入较符合这次装饰行业科技大会的中心内容，其演讲“技术创新体系的若干问题”又是很多企

业发展到一定阶段所遇到的瓶颈，所以引起了与会者的广泛关注和热烈的掌声，在场下更是引来了其他省市同行们争向索求名片、取经论道的高潮局面。发言者们在总结、传播企业管理经验，展望行业发展美好未来的同时，也展示了他们的翩翩风采。

在设计师论坛会议上，给我印象最深的是苏州金螳螂公司设计总监的发言。他认为作为优秀的室内设计师，深厚的文学、美学和音乐素养，与技术素养同样不可或缺。结合其在五星级昆山宾馆的设计实践，他以“大漠孤烟直”的艺术画笔，诠释了“情能生文，亦能生景”的设计理念；以“空山不见人，但闻人语响”的诗句，阐述了“以心求境，境足以役心”的意境。他强调“事与物的对话，心与物的感应”这种与大自然的沟通，推崇只有“觉”的宽广，才会有“悟”的高深的思维方式，说明了设计的创作过程，就是感悟过程的理念。

在他所展示的为情造景的设计作品中，无论是结构形态还是材料技术，都演绎着展现代功能以人性，延传统形式以人文，巧妙地处理了建筑六面体功能、技术、形象三者之间的关系。其作品所包含的对地域特色和人脉的尊重，即寓现代装饰艺术于民族风格之中的创作，使他很好地理顺了装饰设计对创新与继承的关系，从而创作出具有精神感染力的装饰作品。这些无不体现一个有市场号召力的设计师，在文化和艺术方面深邃的造诣。

我们带着设计师对地域特色和人的尊重思绪，相继浏览了故宫、天坛、长城等地。它们或雄伟壮观，或富丽堂皇，都是历史文化的载体，也是历史文化的延续。单从那浑厚稳重的外形体量观察，它们明显传承了北方地区“厚墙重顶、构件粗壮”的建筑特色与风格。而那规模宏伟、壁垒森严、等级分明的空间与形态，则叙述了建筑与民族及宗教的艺术性，反映了封建时代王者的至尊地位。更令人赞叹的是建筑梁枋、斗拱、檩椽等结构构件，在经过“雕梁画栋”的艺术加工后，既承重传力，又具有装饰美感的艺术效果。额枋上的匾额、柱上的楹联，用题名的方式点出整个建筑的诗情画意，强调了建筑的主体，给予了建筑以人文的意境，也表现了中国建筑所特有的建筑与文学的结合，集中体现了古老匠师们的智慧。

诚如一位有成就的建筑师所言，建筑装饰作品的世界性、历史性，就是民族性和差异性；也只有个体的鲜明，才会有群体的灿烂。尊重文脉，创新继承，并不意味着仅仅是对过去形式的模仿，更不是说一切已有的东西都不能进行革新或改造，特别是对历史文化名城及古代、近代保护性建筑的改造。怎样展现代功能、承原貌旧史，达到修旧如旧、饰新融旧的效果，是保护性建筑改造项目值得探讨的问题。

建筑作为艺术作品，其不同于其他类别艺术作品的是随着时间的演变，建筑功能的内涵与外延必然得以拓展。也只有在创新和继承的循序中，时代才会进步，社会才会发展。

作为一个青年工程师，在这次装饰行业科技大会上，为什么过多地关注设计师的演讲，并带着设计师的思想观看了古老的建筑？因为建筑装饰是一门艺术性与技术性综合的专业，而装饰施工的主要任务是实现设计的意图，装饰技术人员在施工的同时，也是对设计质量检验和完善的过程。作为一名装饰项目工程师，我们必须对每一道工序设计的合理性、实践性和科学性进行预先设想性的检验，才能肯定装饰效果的优劣。如在结构加固方面，必须考虑到它承前启后的性能，既要照顾到原有结构的安全性，又要考虑到装饰以后的效果。在历史保护建筑修缮中，如果你不能理解设计师对修缮的意图是原真性的“修旧如旧、补新以新”，达到呈原貌旧史的效果，就无法定论自己的技术方案和施工组织，或是“修旧如故、饰新如旧”的风格式修复效果。在这些施工的过程中，你只有深刻了解设计师的设计意图和设计手法，才有可能将节点深化得更合理，使结构改造更安全，使施工组织更严密，使技术与艺术更和谐。

这就要求装饰项目工程师不仅具有能看图、懂结构、知线条、会节点，了解材料的力学与物理性能等扎实的理工技能，还要懂色彩光谱、懂空间形态，知风格流派，理解设计的手法和意图，可表达书写设计的意境和美感的文学艺术、美学历史等，更要了解相关法规和市场经济规律，这样才能把握质量成本的最佳点。

此次北京之行，在感叹古老建筑匠师们所拥有的智慧和精湛技艺的同时，更庆幸自己有机会靠近装饰行业科技发展的前沿之地，感受科技发展对行业所推动的力量，正所谓成行才能旺市，旺市才能利国益己。感谢公司给予我们这次学习的好机会。在公司给予我们“开阔眼界，拓展思路”，以及公司领导对我们青年工程师寄予厚望的同时，我们更多感受到的是一种责任！

复合透光云石节能节材绿色技术研究

在提倡绿色环保意识,保护和合理利用地球矿产资源的今天,石材作为一种有限的矿产资源,越来越受到政府的关注。节约超薄复合型天然石材大板的生产和使用,无疑是符合上述要求和发展趋势的。

复合透光云石是由云石、黏接剂和玻璃组成的。超薄型的天然云石既节约了材料的成本和石材的矿产资源,同时也减轻了板材重量,并且又能达到透光和施工牢固度及安全的要求。由于复合透光云石是通过工厂加工及玻璃复合透光云石预制装配式施工,能够创造超规格的加工长度,可以实现饰面纹理全新装饰效果。工厂化的加工使施工工期进一步缩短,施工现场环境有望大幅度改善,现场项目管理的内涵也将产生大的转变。透光云石及其装饰单元技术,对装饰项目工程的质量、进度、成本、环境、管理等各方面都有一个很大的促进和革新。

云石复合板也是由云石、黏接剂和玻璃组成的。5 厘米厚的天然云石加 8 厘米厚的玻璃,以无影胶进行黏结的方法,既减轻了板材重量,又达到透光和施工牢固度及安全的要求,其重量比同规格云石板材更轻。由于它黏接牢固,三层一体,经测试,复合板的强度要高于原云石一倍以上,且不易破碎,成品率高,耐压。因此,云石复合板不仅保持了原云石的装饰性能,同时具有质轻、强度高及透光性好的特点。

石材方面的复合施工技术在最近几年的一系列工程实践中,以石材金属复合、石材木材复合等得到了充分的应用,逐步掌握了工厂化施工的技术难点及管理要点。通过本次工程透光云石与玻璃的复合,使我们在石材制品方面的复合技术和工厂加工装配施工方面,已经达到了一个全新的水平,此项技术在2007年申报了国家实用新型技术专利。

一、关键技术的施工方法及创新点

复合节点设计是透光云石预制装配施工及其重要环节，它影响装饰饰面的牢固和装饰效果。目前常用的云石砖本身的重量较大,而且插接后形成的云石墙面中,各云石砖的重量还会彼此积累叠加,由此更加造成了部分区域负载过大的情况,从而存在安全隐患。然而,如果为了减轻重量而采用较薄的云石砖,则由于云石的脆性可能导致云石在安装过程中破碎,甚至根本无法进行安装。其次,通过插槽安装将导致云石墙面形成在云石砖之间有明显的插槽隔断,从而极大地影响美观。我们在工程实践中,总结了“无影胶进行黏结”“螺钉固定”,能够最大限度地保持云石墙面的视觉整体性,而不会破坏云石墙面的美观;而且这种透光云石墙的安装结构能够确保云石墙面的稳固安装。此外,这种云石墙安装简单,采用石材量较少,因此还能够降低装修成本。

二、透光云石复合工厂化加工设计

复合工厂化施工的关键点是根据设计效果深化施工图的设计,此设计作为后续翻样、加工、安装的指导性施工标准,是决定工厂化成败的重要因素。通过实践,我们总结出了透光云石复合工厂化施工设计的要点。

1. 工厂化加工的内容确定

(1)如根据上海世茂皇家艾美酒店装饰项目的具体情况,编写施工组织设计中,基本编制了本项目中的工厂化生产及施工装配化的具体办法,包括加工计划、加工要求及验收标准等。

(2)云石加工深度要求。对云石饰面,必须做到规格尺寸符合现场安装要求,避免复合云石在安装过程中发生二次加工。对材料的复合必须在工厂中进行,胶结材料必须黏结牢固,不影响透光效果,以符合设计效果和产品安全的要求。

(3)云石的技术控制要求。工程范围内的云石、半成品均有现场技术人员根据施工图,测绘出CAD加工委托图;再由工厂进行二次深化,设计出标准件和盈亏调节板安装图，经设计、施工、加工三方确认后实施批量生产；最后对批量加工的云石，必须按照加工合同中的质量要求，对云石进行质量验收。

（4）云石工厂化施工管理措施的特点

a. 施工图深化设计转化措施：工厂化施工的关键点，是设计的构造节点能否符合工厂化流水线作业的生产模式。这是工厂化施工技术措施中极其重要的一环，因为只有施工制品相对形成标准件，才能够符合现代工业流水线作业的低成本、高质量的生产模式。所以，工厂深化设计的盈亏构造节点作为后续施工、安装的指导性标准，是决定工厂化成败的重要因素。

b. 技术人员基本技能转变措施：传统施工方式要求技术人员以现场制作安装为主。工厂化施工要求技术人员以现场精确测量、数码绘图、施工尺寸相对统一、现场组装、施工节点预留调节余地，进行施工图节点深化设计为主，将复杂的现场情况转化为可工厂预制。这就要求技术人员不仅熟悉现有施工方法和施工工艺，还要掌握工厂施工的机械设备和工作流程等工厂技术。

c. 项目管理方式转变措施：项目技术管理将由现在重点管操作工人，转向重点管施工深化设计和配套供应商。在工厂化施工方式中，施工深化设计成为项目技术管理中的核心问题。它的成功与否决定着施工方法、安装方法的难易程度，决

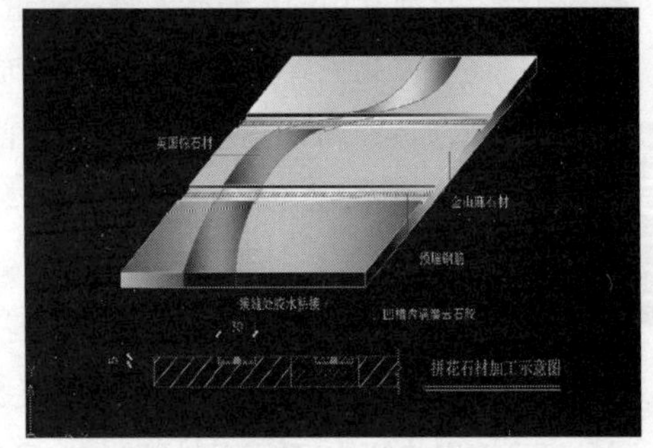

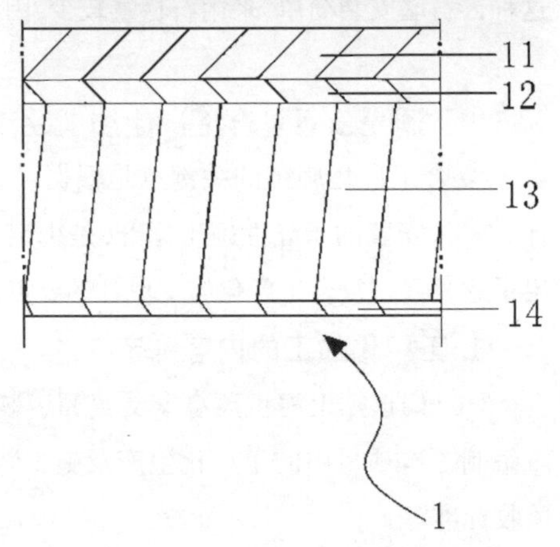

定着施工成本的高低。

三、透光云石复合工厂化技术措施

根据本实用新型的透光云石1的结构示意图所示，包括形状和尺寸相对应的云石层11和玻璃层13，云石层11的底面和玻璃层13的表面之间通过粘合剂12黏合在一起。其中云石层11一侧面为可以直接观察到的外侧，而玻璃层13位于内侧，即位于面向灯光的一侧。这样从视觉上看到的，通过触摸感觉到的，仍然是云石所特有的质地，而同时造价和重量却可以大幅降少。

这种透光云石可以安装在天花板、墙立面、地板等各种位置，在玻璃层13和安装这种透光云石的墙面之间，可以设置灯光，这样灯光可以透过玻璃层13和云石层11散发出来，能够形成非常好的装饰效果。

为了达到更好的效果，云石层11为天然云石。天然云石的透光性及所具有的自然纹理，更利于增加透光云石的美感，且符合人们乐意追求天然材料的需求。

在传统使用的纯云石中，为防止云石在安装过程中脆性断裂或产生裂纹，云石的厚度须达到20厘米左右。然而在复合材料的使用中，透光云石的云石层厚度约为3~5厘米，这样即利于节省石材，又利于减轻重量，还能增加透光性；而且由于这种厚度的云石经与玻璃相黏合，不易发生断裂或产生裂纹。

为了达到更好的效果，玻璃层13为超白玻璃板。超白玻璃以其90%以上的透光率，具有晶莹剔透、高雅美观秀美的特性。超白玻璃同时具备优质浮法玻璃的一切可加工性能，具有优越的物理、机械及光学性能，可像其他优质浮法玻璃一样进行各种深加工。因此，采用超白玻璃与透光云石黏结，无论是在美观上还是在工艺上，都具有相当大的优势。

在超白玻璃的底面均匀喷涂有白漆层14，可以增加将点光源变成面光，增强整个透光云石的透光均匀性。

为了使玻璃层13具有更好的物理性能，玻璃层13为厚度不小于8厘米的厚玻璃。采用较厚的玻璃能使透光云石不易断裂。同时，为了使透光性能更好，且使透光云石上显得更加均匀，黏合剂12采用无影胶。

四、透光云石安装施工技术措施

透光云石构成的装饰单元的一种结构示意图。这种透光云石构成的装饰单元包括多块上面描述的透光云石1、支架2、多个连接构件。在透光云石1上开有连接孔 10，支架 2 固定在待安装透光云石 1 的墙面 4 上。墙面 4 可以是天花板、墙立面，甚至地板等各种表面。支架 2 可以是槽钢，也可以是其他钢构架或其他金属构架。本实施例的支架 2 包括柱状件 21 和将该柱状件 21 安装在待安装的所述透光云石墙面 4 上的角形件 22 构成，但不限于此。角形件 22 通过膨胀螺栓 23 固定在墙面 4 上，柱状件 21 通过紧固件与角形件 22 固定连接。

本实施例的连接构件包括一具有上、下筒体 31、32 的套管及螺栓 33，套管的上筒体 31 外径大于下筒体 32 的外径，下筒体 32 穿过透光云石 1 上的连接孔 10，在柱状件 21 上开设有用以旋接螺栓 33 的螺栓孔，螺栓 33 穿过套管旋入柱状件 21 的螺栓孔中，以将套管安装于柱状件 21 上，柱状件 21 与上筒体 31 夹于透光云石 1 两侧。在柱状件 21 的上表面和上筒体 31 的下表面与透光云石 1 之间，设置有减震垫片 34，以减少安装时对透光云石 1 的震动。为了获得更加美观的效果，在上筒体 31 上盖有盖帽 35，以遮住螺栓 33 的螺栓头。盖帽 35 为不锈钢盖帽。具有上、下筒体 31、32 的套管通常为铝制或钢制。

根据本实用新型透光云石构成的装饰单元的一种结构，这种透光云石构成的装饰单元包括多块上面描述的透光云石 1、支架 2、多个连接构件和连板 5。在透

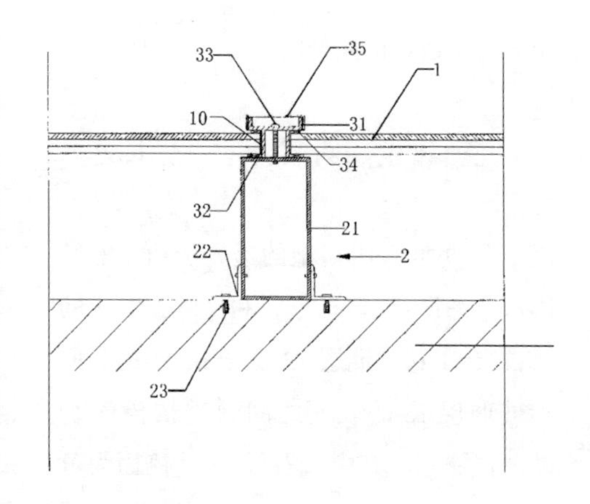

光云石 1 上开有连接孔 10，支架 2 固定在待安装透光云石 1 的墙面 4 上。墙面 4 可以是天花板、墙立面，甚至地板等各种表面。支架 2 为一螺杆 24，该螺杆 24 的一端，通过旋接在其上并夹于连板 5 两侧的两个螺母 25，安装在连板 5 上，另一端与连接构件连接。本实施例增加连板 5，主要是为了增加整个装饰单元的连接强度，连板 5 通过紧固件安装在墙面 4 上。在连板 5 设置有容螺杆 24 穿过的孔。

本实施例的连接构件包括一具有法兰边的套筒 36 和一法兰压板 37，以及一螺栓 33。在螺杆 24 上开设有用以旋接螺栓 33 的螺栓孔，具有法兰边的套筒 36 筒体部分穿过透光云石 1 上的连接孔 10，法兰压板 37 通过螺栓 33 与具有法兰边的套筒 36 连接；螺栓 33 还穿过具有法兰边的套筒 36，旋入螺杆 24 的螺栓孔中，以将具有法兰边的套筒 36 安装于螺杆 24 上。

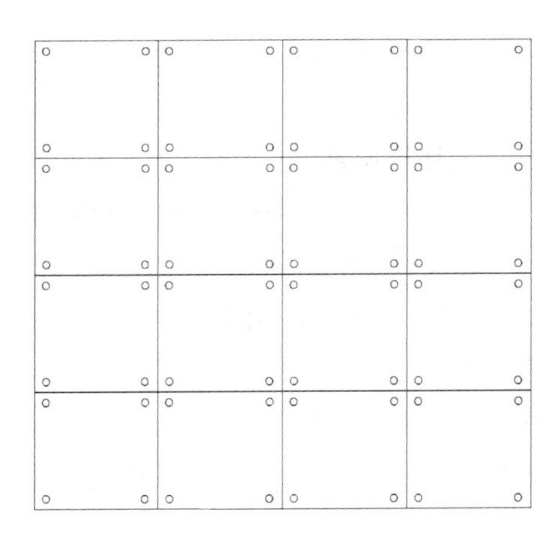

法兰压板 37 的外径大于具有法兰边的套筒 36 筒体部分的外径。螺杆 24 为铝制或钢制。在具有法兰边的套筒 36 的法兰边的上表面和法兰压板 37 的下表面与透光云石 1 之间，设置有减震垫片 34，以减少安装时对透光云石 1 的震动。

五、饰面效果技术措施

本实用新型采用的连接构件具有以下两种结构形式，一种是包括一具有上、下筒体的套管和一将所述套管安装在所述支架上的螺栓，套管的上筒体外径大于下筒体的外径，下筒体穿过所述透光云石上的连接孔，在支架上开设有用以旋接螺栓的螺栓孔，螺栓穿过套管旋入所述支架的螺栓孔中，以将套管安装于支架上，支架与上筒体夹于透光云石两侧；另一种是包括一具有法兰边的套筒和一法兰压板及一螺栓，在支架上开设有用以旋接螺栓的螺栓孔，具有法兰边的套筒筒体部分穿过透光云石上的连接孔，法兰压板通过螺栓与具有法兰边的套筒连接，螺栓还穿过具有法兰边的套筒，旋入支架的螺栓孔中，以将具有法兰边的套筒安装于所述支架上，套筒的法兰边与法兰压板夹于所述透光云石两侧。

支架、上筒体与透光云石之间设置有减震垫片，套筒的法兰边、法兰压板与透光云石之间设置有减震垫片。在上筒体或法兰压板上安装有一遮盖螺栓头的盖帽，以增加装饰面的美观。

六、保证质量的措施

1. 内在质量

内在质量的要点是要求黏结和安装牢固。透光云石作为墙面的装饰部位，高度均超过 3 米，最高的部位达 5.3 米。考虑到该透光云石的组成采用了复合构造，因而在安装工艺上，不宜使单块面积过大，并且要保证每块都单独受力，不使上部石材的重量传递到下部石材，造成损坏。所以，在确定石材安装工艺时，我们经过分析，借鉴玻璃幕墙受力结构，使用不锈钢爪件固定的方式，在每块板材上以四个固定点来进行安装固定；不过同时，因其在室内装饰要求细腻的特点，为使云石板之间的缝隙控制在 3 厘米以内，而不像幕墙的玻璃间隙在 10 厘米以上，我们

改进了爪件工艺,每个固定点采用12厘米的内外丝单根螺杆,结合可调节上下距离的8厘米厚连接钢板与整个钢架基层,对销螺栓进行固定连接,从而满足了受力和缝隙控制的两方面要求,同时也使每块石材便于拆卸,为今后内部光源损坏时更换,提供了方便。

2. 外观质量

外观质量要求精度高,首先要求透光性高,材料的肌理效果明显,安装构造不影响透光效果。所以采用无影胶黏结,首先解决材料符合透光的要求。玻璃采用超白玻璃反面喷白漆和云石厚度控制在5厘米以内的组合方式,才能达到在透光和光源关闭时的双重要求。透光云石构成的装饰单元,由于仅在透光云石的表面上露出螺栓的头部或盖帽,能够最大限度地保持云石墙面的视觉整体性,而不会破坏云石墙面的美观。

3. 环保质量

工厂化加工可以在板材加工前期,选择环保胶水来加工,且加工好的饰面到现场安装有一个周期,其间的甲醛、苯等有害物质还有一个挥发的时间,这相对于现场加工来说更环保。相对于纯天然的云石材料其厚度减少2/3,对于节约资源有很大价值的贡献。

七、社会效益

复合透光云石保持了高档云石的装饰性能,且光泽有所提高。利用高档云石加工成复合透光云石板,既充分利用(或节省)了大理石资源,又能提高经济效益,显然它是值得提倡的。其以荷重小、花纹自然、坚固耐用等特点,而被公认为21世纪的绿色建材饰品。

施工现场环境大幅度改善,采用现场装配式施工,基本上不产生碎屑和下料,也无须进驻中型加工机械。因此,施工现场环境有望大幅度改善,为上一层次的文明施工开辟了道路。

如果我们将上述几个方面综合起来,而不是孤立地进行考察就会发现,这种转变实际上将促成对目前装饰行业环保节能总体落后于社会的生产方式的革命,将促进装饰行业的现代化,其意义非同一般。

内修外练　审视进取

——从豫园小世界项目看内外资企业的差异

在经济全球化的今天，中国的市场已进入全面开放的阶段，这就意味着我们的企业必须在国内外的平台上同西方发达国家的跨国公司进行竞争。国内企业的竞争对手将呈形式多元化、内容多样化的趋势。特别是国内行业的龙头企业，首先面临的是一批合资企业和随之而来的跨国公司的挑战，并且竞争的着力点在于技术、管理、资金、信用、品牌、服务等多方面。在这种市场经济体系的竞争中，我们的总体优势极其有限。究其原因，是由于在计划经济体制下走出来的企业，其业务多半来自关系户和政府行为的架构下才取得的，企业的信用、服务、品牌等尚处于较初级状态。从全面质量管理的“质量竞争”到“战略竞争”管理，所赋予的“制造质量”和零缺陷理念取代“检验质量”的质量观念，还很薄弱。

相比同内地行业的竞争，就小世界会所工程项目而言，香港MOOD公司在设计方面的介入并取得优势，在很大程度上不是取决于市场价格，因为其设计费用已成倍地高出国内设计同行的价格，这主要是香港设计的品牌概念对业主的认知影响很大，其方案设计虽经总投资费用的降低一改再改，但其效果总能与周边环境浑然天成，并照顾到人性的关怀，很好地综合平衡了建筑设计作品的社会效益、经济效益、个人特色三者之间的关系，从而创作出投资合理、用材恰当、工艺新颖、尊重环境、关怀人性的优秀作品，最后的效果得到了多方人士的赞同。这充分反映了其设计业务的能力，或者说也是一种品牌效应的有力体现和良性循环。

在与其合作的过程中，我们不难看出MOOD公司抢滩国内市场的战略行为。

首先，人才的竞争先于项目的竞争。体现在用人的机制上，MOOD公司的架构除了两位设计及管理主管外，其余员工皆为上海区域具有综合实力的人才。

其次，设计的竞争先于施工的竞争。由设计优势的介入，进而竞获项目的施工，其先入为主的经营理念同内地同行较为一致。

其三，合约的竞争先于关系的竞争。合约的签订、条款的推敲筛选较为严谨，大到业务范围，资金流转的方式、时间，小到现场办公的地点、几把桌椅、有无空调等细致入微的条款。从定性到定量都为以后纠纷索赔设置了前提。在施工的过程中更是事事必字据，往复必信函。由于其以合约为依据的严谨经营、管理模式，其资金在合约规定的时间内回收率为100%。以上诸项充分体现了外资企业在信用、服务、品牌等方面的实力，也为我们展示了处于经济全球化中的信用、服务、品牌等战略要点的内涵与外延。

但其弱势也在于同内地市场观念、地理环境、风俗人情、行业规范、企业文化等各方面的较大差异。小世界项目香港公司同其他公司与我司竞标施工的失败，首先是他们对于小世界项目这种历史性建筑修复与改造施工及对内地建筑设计、施工的规范认识不足。

其弱势具体体现在标书方面几乎没有针对性地提出对结构的修复与改造的方案，进而延续到施工图中的墙地面方案无视结构的实际承载力，而盲目地采用自重较重的砖砌体与石材，不可避免地陷入了设计弱化逻辑思维，必然导致方案缺少存在的合理性与可行性。在我们有力的技术论证影响下，其设计师不得不信服地修改了一系列的设计方案，并且达成了所有结构、节点在不改变其设计效果的情况下，以我方的深化方案为准的共识，也为后来愉快地合作打下了良好的基础。其次是对于现今内地市场的渐变规范性过程认识不足，在实际操作上以合约为依据的严谨管理显得有些呆板而不近人情，甚至解决问题常以法律法规相要挟，使得业务能力不太强的业主陷入较为尴尬的境地，其结果是一次交易而终。

综上所述，外资企业的优势是显而易见的，但也并非无懈可击、尽善尽美，其最大的弱点是“水土不服”。正所谓“知彼知己，百战不殆”，“知其弱”则可谋策而攻之，重要的是要“知己弱”，方可趋利而避害，立于不败之地。

怎么样在国内这个平台上与之相搏击，进而进军国际舞台，是我们值得深思的问题。面对众多的跨国公司咄咄逼人的态势，企业发展的坐标应及时转变，与其遭挤压而变形，不如现在“内修外练，厚积薄发”地自变转型，如此面对危机时方可去危险而存机遇。

内修也就是以变制变的战略，以己之变应市场之变。变首先是要在用人机制上的转变，为什么首先是用人而不是从资金、技术等方面入手呢？一个企业仅从字面上分析“企”字，如果把“企”字上面的人拿掉，那么“企”就变成了“止”。试想一个企业如果没有了人，没有了能人、可用之人，企业就会止步不前，原地踏步，停止流动变成死水一潭，而后坐吃山空必遭溃散之灾，如此还谈什么资金、设备、技术，更不用谈什么发展了。正所谓企业发展犹如逆水行舟，不进则退。而用人首先要因才施位，使其人尽其才，位尽其职，职尽其责；让能者上，庸者下；使其知无不言，言无不尽，言必信，行必果。如此方为人才济济，企业才能兴旺发达。

所谓外练，就是要不断地去适应外界新生事物，进而开发出新的生存和发展环境。如果说在经济全球化的模式下，一个企业想做大做强，就必须跨国经营作战，甚至将其核心迁移至竞争市场，那么国内企业要想同国外同行在同一平台上竞争，就必须先学会在国内跨地区竞争。因为现在的市场与其说是大鱼吃小鱼，不如说是快鱼吃慢鱼，尤其是行业的龙头企业，应该像跨国公司抢滩国内市场一样，去其他地区，特别是内地的大中城市抢占市场，以自己与内地相比的优势，争取市场份额，树立自身的品牌。正所谓“先为不可胜、以待敌可胜”，面对强大的对手，我们只有通过“内修外练”，使自己先立于不败之地，而后再回过头来去阻击外资公司,进而进军国外平台,到国际市场上进行搏击。

企业的发展实质就是不断改革自我、进化完善的过程。改革也必然伴随着阵痛与风险,甚至会有一定的混乱与迷茫,有挺身而出者,有阻碍羁绊者,有摇旗呐喊者,但改革势在必行,改革是发展的必由之路。

尊重文脉　创新继承
——上海社会科学院办公楼修缮施工

社会科学院办公楼是被上海市近年来相继公布的398幢优秀近代保护建筑物之一。该建筑始建于上1928年，原由法国人建造的一幢三层欧式建筑，初属教会震旦女子学校，解放后一度为上海市党校所在地，于1978年又改为上海市社会科学院所用。

该建筑在1982年按原有新古典主义风格增加了4—5两个楼层，形成了典型的西方三段式建筑，原有结构为砖混结构。本次修缮主要是4—5两个楼层办公区域及外立面的装饰工程。办公区域属于院内各个科研机构，也属于政府部门的智囊机构，机密性特别强。

该工程原定于5月份开工，因“非典”的影响，业主推迟至6月份施工。开工时虽然“非典”疫情高峰已过，但对“非典”的防范还是很严格，特别是甲方要求不可大面积展开施工，并且不能影响院内各部门的正常办公。公司按照突发事件管理制度，要求项目部启动非常规项目管理程序，来确保项目施工的万无一失。另一方面，公司因该办公楼为上海市三类历史保护性建筑，又将本项目列为公司重大工程进行管理。

一、前期统筹部署

同之前面对“非典”疫情所带来的施工不便、业主对施工时所提的严苛要求一样，“非典”过去之后，业主又以迎接45周年院庆为由，突然要求我们将原有工期压缩1/3，而且此时正值盛夏高温季节，诸多难题迫使我们必须制订一个严密而完善的工作计划。项目部首先依据公司项目前期管理“一纲四计划”和“重大节点指导法”，组织设计了针对该项目重点难点的对应措施，再根据现场仔细勘察的实际情况，制定出以下管理措施。

1. 项目管理思路的定位

疫情防范与施工并重。严格按照政府文件精神和集团公司的相关要求，制定防范“非典”的措施。规定所有工人不住宿在施工现场，午餐按照业主要求由业主餐厅供应；所有人员、材料进出走后门专用道；每天早晚有专人在专用道出入口清点人数，核查他们的身份以杜绝外来人员，测量体温监控施工人员健康状况；勘察周边医疗机构、成立防“非”应急小组，确保早控制、早发现、早治疗。

方案、节点深化与拆除同举。由于进场时，甲方所提供的图纸实为方案图，而非施工蓝图，我们一边与业主、设计者沟通，一边自己深化给业主提供可行的方案、结构构造。另一方面，抓紧拆除作业，给设计提供依据。

外墙与室内同步，分院施工压后。外立面的施工是本工程的亮点，外墙施工的脚手架作业是该分项的重点。考虑到天气的影响，决定外墙脚手架与室内作业同步进行。由于分院业主的搬迁工作没有完成，我们将此部分施工安排在总部前期施工之后作业，避开高峰期。

2. 施工方案的细化

外墙面保护性改造与修缮结合。由于该工程内容包括空调的安装施工，并应业主对空调外机、管线规避的要求，我们制定了管线在修缮中的安装及外机位移的方案，如管线在墙内的埋设、外机护栏的增设等。

木作的工厂化与装配化的优化组合。本次工程内部装修的主要内容是几百套木门的拆换，而拆换过程必然影响业主工作人员的办公。为了在更短的时间内作业完毕，不仅要按照常规进行木作工厂化加工，以缩短现场作业时间，而且在安装时还需要达到安装简洁方便、避免声光污染的要求。

3．施工管理的监督机制——三表一图

为使施工管理更加完善，加强施工的监督机制是很有必要的。

项目管理人员一览表。内容包括项目全体管理人员的相片、姓名、职务、职称、联系电话、工作内容等，打印成文，张贴公布，目的是有利于管理人员明白自己的职责所在，有利于配合工程各有关单位的工作，有利于提高工作效率。

本周计划一览表。内容是本周开始计划到本周最后实施的状态，目的是将施工进度进行较为实际的量化，将计划与实施之间的差异直观地体现出来，以供下周计划的制订与对计划实施的监督。

施工计划垂直进度图。内容是通过图表的形式，将总进度划分为若干个周计划，再根据本周计划一览表的实际状态与总计划状态通过量化表达出来，可以及时观察到实际进度与总进度的差异，为保障工期提供了判断的依据。

天气状况一览表。将天气的晴、阴、风、雨、温度等状况，分上下午真实地记录下来，为室外项目作业的计划进度与实际进度等状况进行对比与分析提供记录，也是将来发生工期纠纷时可查的依据。

二、项目施工

1．拆除、加固施工

外立面拆除主要是石材墙裙部位的窗傍及墙柱减少石材安装后的比例失调作用。内立面主要是墙面原涂层的清理和部分隔墙的拆除。木门和玻璃天棚的拆除要与安装协调同步进行。

加固主要是外立面在两道挑檐上增设护栏。在原有两道砼板上采用钢结构加固。加固方法为型钢螺栓锚固于墙体，悬挑700厘米绑扎钢筋网片后浇筑砼，表面留置水槽，主要是为了加强增设护栏后的承载力。

2．室内施工

室内施工主要是原木门的拆换工作量较大，还要照顾到院内人员的正常办公。正是考虑到时间和作业环境的严苛程度，我们采取材料加工工厂化、安装装配化的施工方案。由于原有墙体都是石膏板结构，无法受力。为了加强门的牢固度，我们在拆除之前就加工好实木的第一道门框。旧门拆除后随即将门框固定于结构梁与地面上，使其不靠墙体而成为一个独立的受力体系，做到“墙倒门不倒”的效果。此举得到了监理方的高度称赞，认为我们是一个负责任的施工企业。

为了保证当天拆除当天锁门而不影响办公室的安全,除了以上的准备,最主要的是工厂化加工的木门完全使用了榫接胶粘的工艺进行安装,结果是安装牢固,施工便利,无灰尘、噪声等污染,使业主方的众多工作人员惊讶于我们的工作速度及施工质量。

3. 外墙施工

脚手架的施工,主要针对业主方人与车的流量较大,安全防护是重点。我们在充分考虑了成本、工期、安全等因素后,决定石材墙裙施工采用门式脚手架,按照划分标段流水作业,这样既压缩了成本,又保障了施工的速度和安全。因为门式脚手架是装配式的拆搭施工,作业相当便捷、有效。

外墙涂料施工采用了专业分包队伍,登高使用滑板作业。滑板的使用为保证施工工期提供了有效保障,但在安全方面缺乏更好的保护措施。正因为如此,项目部在对滑板作业的每个环节加强了安全教育,技术和安全交底,制定作业制度,并专门测算出人均在正常情况下生产作业量,依此来划定作业时间和作业量,还根据天气、温度等状况来分配任务。虽然整个施工过程没有出现任何的事故,但从安全的角度来看,还是有不稳定的因素存在,包括对施工质量的保障也有问题,如工人在一个不稳定的平台上作业,其作业的手势无法稳定,势必影响施工的质量,等等。

外立面利用其砼挑檐部分结构,采用钢结构生根,形成钢骨架。按照原有风格形式,增设 GRC 宝瓶形欧式护栏及护栏上下线条。在满足空调外机搁置功能需要的同时,又完善了内部原有的建筑风格,使其达到饰新融旧的效果。

外墙空调室外机改动工程所涉及的空调共计 119 台,其中 5 匹机 17 台,3 匹机 30 台,1.5 匹机 72 台,空调机型包括嵌入式、天吊式、柜式、壁挂式 4 种。空调室外机的位置将做如下调整:5 层空调室外机全部下移至 4 层平台,4 层空调室外机位置按需要做平行移动,3 层空调室外机全部下移至 2 层平台,同时 2 层空调室外机按需要做平行移动;其中所有 17 台 5 匹室外机均安装于所在层面的立柱上,其余 102 台室外机均安装于 2 层或 4 层的范围内。

空调冷媒管的处理方法如下:所有室外部分的冷媒管走向都"横平竖直",并且冷媒管的室外部分都按照其走向铺设装饰盖管,以达到美观、防腐的功效,装饰盖管为可拆卸式,以便事后维修;装饰盖管固定于立柱两侧的凹槽内。

空调冷凝水管的处理方法如下:所有竖直方向的冷凝水管均埋于外墙内,所有水平方向的冷凝水管均安置于 2 层或 4 层的围栏内,通过护栏内水管沟流向落水管内。空调冷凝水将集中统一排放于底层水沟内。

三、总结

就目前建筑所用的分体式空调的冷媒水管而言，一般都是仅用扎带裹绑一下，就随便地安放了。这样连接于内外机之间，既破坏建筑物的整体形象，而且空调冷煤管所裹的发泡乙烯保温材料和扎带，经风吹雨打和寒冬烈日的摧残，两三年后便开始老化，最终断裂散开，致使空调冷煤管能量损失，尤其是冷煤管未经固定，所承受的引力仅靠连接在内外机上的

喇叭形接口牵扯，极易产生疲劳裂缝，导致冷凝液泄漏而引起空调失灵。

本次施工所涉及的119台空调，根据目前的使用情况未发现任何不良问题。其施工方案的合理优化，不仅使空调外机的保养、维修有了保障，而且在其三段式立面的两道檐口上增置欧式宝瓶形护栏，既尊重了原建筑风格，也丰富了内部的装饰效果，完美地规避了现代工业符号的视觉污染，对于历史建筑的开发利用，起到了事半功倍的效果。

对于一个在“非典”时期施工的重大工程，“统筹安排、计划当先”尤为重要。“统筹安排、计划当先”不是简单、空洞的形式说教，而是必须着眼大局、面面俱到的一种精细管理方法。“精”意味着精确到每个部位，“细”也意味着细致到每个环节，如此方能未雨绸缪，百战百胜。

文物保护建筑的修缮和信息监控

——以基督教圣三一堂修缮工程投标策划为例

一、引言

散落在上海各个角落的名人故居、文化遗址和优秀建筑，正越来越引起人们的重视。随着城市建设步伐的加快，这些社区资源开发利用的价值正越来越明显地显现出来，人们普遍认识到，只有珍惜、挖掘历史和文化的积淀，才能使建筑富有个性，城市风貌富有特色，从而提高土地资源的含金量。建筑、经济、人文景观、民间风俗等，是构成一个地区历史文化底蕴的重要因素。为了赋予优秀建筑新的文化内涵，上海市对大量近代优秀建筑采取了保护与开发并举的措施。本文以上海最老的教堂——圣三一堂为例，试论文物保护建筑的修缮与恢复。

二、上海优秀历史建筑保护

笔者从上海市房管局技术处了解到，目前上海已经公布了四批共617处优秀历史保护建筑，有的一处保护建筑就有多幢单体建筑，如徐汇区的上方花园有70多幢西班牙式花园别墅式小楼，因此，整个保护范围涉及近千幢房屋。这些房屋的现用途除住宅外，还有用作商店、办公场所、公共设施、厂房、宗教庙宇等20多类，其中有不少是革命历史遗迹、名人故居，以及具有上百年历史的文物建筑。对于这些优秀建筑的保护，上海在立法、技术、管理等方面都极为重视，成立了以市文物管理、规划、房屋土地管理三家为主的主

管机构，并已形成了优秀近代建筑的保护管理网络，对每幢保护建筑都实行挂牌。根据《上海市优秀近代建筑保护管理办法》，有关部门发布了多项强化管理的通知，还制定了保护建筑外的保护范围和建设控制范围，对周边环境实施了更为严格的保护规定。

我们国家对文物古迹、优秀历史建筑的保护工作一直都很重视，上海也不例外。目前，上海的优秀建筑已经由保护进入开发阶段，其中依据保护建筑本身的功能定位，采用置换等手段开发，是上海优秀建筑保护与开发的特色，如上海著名的

外滩风貌区,就是依据金融一条街的功能定位进行置换开发的。2002年7月25日,市人大通过《上海市历史文化风貌区和优秀历史建筑保护条例》,对统一规划,分类管理,有效保护,合理利用,提出明确要求和切实可行的措施,条例特别突出了发挥专家委员会的作用。至此,上海正式进入对优秀历史建筑及历史文化风貌区保护立法管理的新阶段。

城市历史、文化资源的发掘和利用,是建设现代化国际大都市的重要内涵。控制和保护这些资源,已到了非常重要的时刻。上海在中心城区崛起一大批办公楼、高层住宅后，如何保护和利用历史建筑，让这个被誉为“世界建筑博览会”、在中国近代史上占有不可替代地位的中心城市更加吸引世界的眼光？一批批的优秀文物保护建筑在有关部门的支持和帮助下，通过必要的置换、装修、修缮，或改变使用功能，或改善使用条件，恢复其原有建筑风貌，使这些优秀历史建筑得到了更好的保护，为上海经济文化的发展发挥积极的作用，这就是我们刻不容缓的任务之一。

1. 法律法规的遵循

对优秀历史建筑的保护、利用和改造，可以按不同的保护等级、建筑类型、建筑年代、建筑风貌，采用不同的保护方式。根据对相关法律法规的解读，来定义文物历史建筑保

护的范围和保护方式，在目前无疑是非常明确而又规范的途径。圣三一堂建筑系上海市文物保护单位一类优秀保护建筑，所以，对于该类文物建筑项目进行施工，是受法律条件的约束和保护的。

（1）1931年通过的《雅典宪章》，第一次涉及了“将历史遗产真实地、完整地传下去，是我们的职责”的提法。

（2）1964年通过的《威尼斯宪章》，也提到“古迹的保护与修复，必须求助于对研究和保护考古遗产有利的一切科学技术”。

（3）《中国文物保护准则》的宗旨是对文物古迹实行有效的保护。保护是指为保存文物古迹、实物遗存及其历史环境进行的全部活动。保护的目的是真实、全面地保存并延续其历史信息及全部价值。保护的任务是通过技术和管理的措施，修缮自然力和人为造成的损伤，制止新的破坏。所有保护措施都必须以不改变文物原状为原则。

（4）1991年，上海市还颁布了《优秀近代建筑保护管理办法》，就优秀近代建筑的保护要求，列为以下四类：

一类保护建筑：不得变动建筑原有的外貌、结构体系、平面布局和内部装修。

二类保护建筑：不得变动建筑原有的外貌、结构体系、基本平面布局和有特色的室内装修；建筑内部其他部分允许做适当的变动。

三类保护建筑：不得改动建筑原有的外貌；建筑内部在保持原结构体系的前提下，允许做适当的变动。

四类保护建筑：在保持原有建筑整体性和风格特点的前提下，允许对建筑外部做局部适当的变动，允许对建筑内部做适当的变动。

因此，在各个级别下的保护建筑，都应遵循相应的标准进行设计和修缮施工。

2. 保护建筑修缮的前期准备

对于历史保护建筑，在修缮前，应做好相关的资料、数据等收集。与新建建筑不同的是，历史建筑尤其是文物保护级的建筑，其设计图纸、相关资料等几乎没有留存，这就给修缮工作带来了相当大的难度。“先天不足”，就要“后天补上”。在设计、施工前，利用网络、档案资料、历史文集、书籍图库等各种途径，查找相关的资料和图片，充分了解其相关的历史。其次，实地考察也是必不可少的工序。通过现场勘探，实地测量，可以获得较为准确的数据资料。除此之外，还应进行建筑的检测工作，通过检测和分析，能掌握更加详细的有关建筑材料力学性能、结构强度等涉及建筑施工安全的信息。这些步骤的实施，是为了更好开展今后的修缮恢复工作，也为将来的再次修缮，留有足够多的数据和资料，为后人提供便利和宝贵财富。

3. 保护建筑的历史和现状

在历史保护建筑修缮中，对史料记载的掌握、历史价值的挖掘，对建筑历史各个发展阶段的层理进行合理正确分析研究，才能确定保护修缮正确、合理的途径。

圣三一堂亦称作“圣公会堂”“红礼拜堂”“大礼拜堂”，是上海现存最老、最著名的教堂之一。1847 年，由老牌大鸦片商宝顺洋行的老板捐出位于今江西路九江路口的地产，建造了专供英国侨民礼拜之用的教堂(圣三一堂的前身)。此建筑于 1866 年破土动工，开工一年后因资金耗尽而停工；1868 年恢复建造，并于 1869 年 8 月 1 日正式开放。教堂占地 3500 平方米，1893 年，又相继于教堂东南角增建方形钟楼和连廊，以及增建塔尖和门斗。1928 年，再在教堂的北侧建造了四层钢筋混凝土建筑，作为教区学校。1955 年，上海市政府拨款大修，恢复原样。1958 年至 1965 年 10 月，其办公楼全部由医院使用，同时教堂成为上海市卫生局的门诊部，至 1966 年止。1966 年，钟楼尖顶在红卫兵运动中被强行拆除，而教堂在“文革”中则变为上海市直属机关革命造反联络部卫生连队门诊部，1969 年 6 月由黄浦区革命委员会接管，至“文革”结束。1977 年 11 月，由于教堂年久失修，结合教堂的大修，对

教堂进行了加层改造，其中在教堂中厅部分的侧窗下采用混凝土梁和预制板插建了一层，天花用木吊顶覆盖，用作办公楼，将教堂的底层部分修缮为大礼堂，其中圣台修缮为舞台，在舞台前的左右延伸部分的两侧，插建了侧光室，在教堂靠近门庭处插建了放映间；同时将地坪从舞台开始逐步加高，上设礼堂座位，教堂东首草地修缮为街心花园。1985 年 7 月—1986 年 4 月，对教堂的有关设备和装修重新施工。1986 年，又在教堂的东侧建造了车棚和 2 层办公楼。1999 年 12 月，由于钟楼外墙多处风化损坏，外墙粉刷脱落，再次进行了维修处理。2004 年，教堂被停止作为礼堂和办公室使用，2005 年开始进行恢复基督教圣三一堂宗教目的的进程。

四、保护建筑的修缮、恢复

1. 修缮方式的解读

不同类型的建筑，有不同的保护目标。正确运用不同的技术方法，不仅是达到有效保护、展示优秀历史建筑潜在价值的手段，也是寻求充分发挥它可利用价值的有效方法。

修缮的关键是保存，即保护原来的建筑风格，保存原来的结构体系，保存原来的建筑材料，保存原来的工艺技术，保存建筑最有价值的部分。

要保护优秀历史建筑原先的、本来的、真实的原物，就要保护它所遗存的全部历史信息。修缮工作要坚持“修旧如旧，以存其故”的原则。修缮是使建筑“延年益寿”，而不是“返老还童”。要用原来的材料和工艺，原式原样，以求达到原汁原味，还原其历史本来面目。

原真式修复就是着眼于对历史文献的尊重。在对旧的进行修补或添加时，必须展现增补措施的明确可知性与增补物的时代性，以展现旧肌体的史料原真性，进而保护其史料的文化价值。

圣三一教堂建筑作为文物保护单位和优秀近代保护建筑，其根本的修复理念或修复原则就是原真式的修复。从石柱、大理石、屋面、木制品的清洗和修复，到彩色玻璃、十字架、钟楼的尖顶的恢复，都应该体现“恢复原建风格”的修缮理念和恢复基督教文化的内涵。

2. 保护建筑修缮过程中的施工技术

历史建筑保护良好的修复效果，倘若脱离了技术和材料的应用，是不现实的。一部建筑的发展史，可称其为建筑技术和材料的发展史。技术创新、工艺改进是建筑装饰施工企业发展永恒的主题，而建筑修缮工程对新技术、新材料提出更高的要求，专业人员、专业技术、专业研究是历史保护建筑修缮的发展趋势。

修复工艺首先要确立材质分布在建

筑物表面的肌理、造型、尺寸及加工工艺、方法特征，整理成文，拍照留档。本工程修缮施工主要建立在对建筑物各种材质肌理污染清洗和附加物进行剔除，采用与之相近或相同的旧材料修补残缺与破损部位，使修复达到"缺失部分的修补必须达到与整体保持和谐"的效果，并要求不破坏原有保留体。

作为本次涉及的圣三一堂，修缮修复工程范围包括拆除教堂内外所有后期所增加的插层部位及搭建部位，清洗教堂、钟楼建筑饰面部分，对钟楼大小尖顶、管风琴夹层、基础、墙身、石柱及木屋架、木门窗、彩色玻璃等部位，进行修复及加固。

结构实时安全的评定，能依据结构的实时工作状态和结构的变形情况，实现对结构实时安全的评价。

在倡导建设节约型社会的当下，古旧建筑修缮改造工程也会越来越多。对于如圣三一堂这样的复杂多变的保护性改造工程，如何紧紧抓住科学技术服务于保护工程建设，既经济又安全地稳步发展，使文物历史建筑修缮项目逐步整合成以现代信息技术、现代控制技术、现代高新技术装备，为城市文物历史工程完善应急反应关键技术，科学合理地提高文物工程修缮质量，抵御各种工程灾变的能力，从而保证工程在突发性事故及工程灾害中的快速反应能力与抵御能力，是一项非常有意义的技术革命。

五、历史文物保护建筑修缮的意义

《中华人民共和国文物保护法实施条例》已于2003年5月13日在国务院第8次常务会议上通过，自2003年7月1日起施行。自此，我国的文物保护工作进入了一个新的历史时期。尽管我们有时也会听闻一些对文物建筑、古迹的损坏行为，但是我们相信，随着我国法律法规的不断健全和完善，对外开放与交流的不断扩大，人们的思想认识不断地提高，我国的文物保护工作肯定会越来越好。

保护城市历史文化的重要性已成为大家的共识：要从城市的整体建设上来看待历史文化的保护工作。一个没有自己历史特色的城市，将被人们看作是一个没有文化的城市，也不可能是一个真正现代化的城市。要从社会发展的全局来看待历史文化保护工作，只有处理好城市历史文化的可持续发展，才可能取得良好的社会经济效益。

通过对历史保护建筑的修缮，我们不仅了解和掌握了保护技术，更让我们的保护意识及人文素养得到了长足的进步与提高。面对这些历史建筑，我们不仅将其视为一种重大商机，更将其视为一种建筑保护的历史责任。关注这些历史建筑，它们就像饱经风霜的老人，亟待更多的人给予它们更多的关注与关爱。让那些建筑文脉、文化遗产在我们这个时代得以更好的传承与延续。

※ 基督教圣三一堂原貌

第四篇 修缮装饰

近代保护建筑的施工案例

——豫园小世界会所装饰修缮工程

世博建设大厦改造工程结构柱拔除施工技术

世博建设大厦建筑改造研究

世博大厦结构改造信息化监测方法研究

近代保护建筑的施工案例

——豫园小世界会所装饰修缮工程

豫园小世界会所项目位于黄浦区福佑路234号。据查，本建筑前身始建于1921年(民国初年)，当时在城隍庙北部建造了一座简易的公共场所，初名为“劝业场”。不久，“劝业场”毁于火灾，后由李姓商人出资重建三层楼房的娱乐场，定名为“小世界”。1931年，小世界被上海大亨黄金荣收购(现在档案馆存有地契一份)。新中国成立后，小世界一度为供销百货公司所有，并于1993年加固修缮了框架结构的三、四层及五层扩建了简易房部分；1998年成为集餐饮、娱乐、购物为一体的综合商厦，后又于2000年因游戏机房发生火灾，至今三层以上部分没有使用。

本次修缮装饰后，小世界作为集休闲、餐饮、会议于一体的不对外开放的高级会所。

二、施工前的调查

由于该房屋缺少原始设计、建造资料，只有1993年修缮部分装修图纸，且图纸对房屋原始状况、尺寸标准不齐全。本次改造修缮任务为对前主楼、中附楼、后附楼室内建筑的加固和新使用功能布局，室外及屋面等范围全面修缮和装饰装修。对于老建筑改造，我们必须掌握该房屋结构的实际情况，才能编创出真实、有效，能够指导作业的施工方案。

经现场勘察和检查有关资料确认，本工程前附楼为混合结构房屋，基础为砖砌条形基础结构承重，墙为一砖半黏土砖墙（厚370毫米），主要承重砖柱截面为（490×620毫米；620×620毫米）；主楼梯和辅楼楼板为钢筋砼板，部分楼面分为木格栅、木楼板两种类型；后附楼屋面为人字形木屋架，中附楼屋面为现浇砼平层面；外立面的门、窗分别为木制、铝合金等各种类型。目前所呈现的建筑是1993年由上海市第一商业局建筑设计室设计，南市区建筑装饰公司施工，对中附楼房屋中的梁、柱A~C/9~10轴，采用粘钢进行了加固。

由于该工程结构已相当陈旧，前、中、后楼的建筑结构类型变化多端，并且构造复杂，改造加载后的承载力能否符合国家相关规定，以保障建筑的安全，显得尤为重要。对于建筑结构改造中的地基基础、梁、柱、墙的荷载传递的合理有效，是我们修缮施工的关键。为此，我们进行了大量的实地勘察、测量，将业主提供的有关该建筑的资料，特别是1993年修缮时的图纸，以及房屋质量检测站最近的检测报告，进行了复核校对，及时调整加固施工方案。

三、建筑结构加固

1. 基础部分的加固

原基础为砖砌体条形基础，埋深1.3米，修缮时在A~C/1~9轴区域内，采用砼加大基础底面积和增添砼条形基础等方法加固。砼条形基础（3~9/A~C轴）埋入深度为1.25米、宽2~2.2米、高0.7~0.9米，梁截面主要有600×900毫米、600×700毫米，其余部位采用扩大基础底面积方法进行加固（在1~2/A~C轴），原基础也各扩大600毫米，修缮加固基础部分砼垫层为100毫米。基础砼C20，混凝土加固前，在老基础周边实行注浆、插筋和整合性的预处理。

修缮过程因投资条件的限制，尚有部分基础的扩容性加固没有实施，我们对此持有异议。因该建筑结构的复杂性及再装饰的荷载增加，必然导致建筑结构新的

不均匀沉降，特别是原放映厅位置墙面增加绿化及屋面钢结构茶轩增建后，该部位结构必然在荷载的作用过程中，产生局部变形，但终因投资方资金方面的问题而未被重视。

2. 墙、柱体部分的缺损分析

前楼原主要承重墙体为一砖半黏土砖墙（厚370毫米），砌筑砂浆为黄沙石灰砂浆，外墙粉刷为混合砂浆；内粉刷原为黄沙石灰纸筋面，现部分改为1∶2.5水泥砂浆粉刷。

墙体普遍呈现裂纹、剥落、松动等现象。砌筑砂浆已风化成松散状态，黏结强度相当低，并呈现严重劈裂现象，较为严重处为二层A~B轴窗间墙。

墙（柱）体危险部位统计如下：

（1）五层东外墙D/1~2轴部位，砖砌面裂缝4处（2000×1、3000×1.5、1500×1、500×1）。经开凿检查，砖面有裂缝、错开等现象。

（2）四层东外墙（自东内）光面斜裂缝4处（1000×0.5、1400×2.5）。

（3）三层东外墙（自东边）表面斜裂缝4处（1100×0.5、1000×0.5、980×0.5、900×0.5）。

（4）三层东外墙（正东北）垂直裂缝1处（200×0.5）。

（5）二层东外墙表面裂缝1处（1000×200）。

（6）3F1~17轴墙壁边柱。

对于室内大部分老砖墙、柱面，我们采取三个层面的加强措施，来达到墙的整体牢固性和修缮粉刷层的黏结相容性。

（1）底层：采用环氧树脂增压喷浆加固。

（2）中层：采用1∶2.5水泥砂浆粉刷。

（3）面层：刷具有抗拉裂性能的SKK涂料。

墙体加固的操作程序：原旧墙面纸筋灰粉刷层小心剥离，用钢丝刷将墙体上的残留灰浆刷干净填充，修补砖墙上较大的孔洞，并用清水冲洗润透，分层喷涂环氧砂浆，1∶2.5水泥砂浆粉刷，SKK腻子批粉，SKK喷刷。

砖墙面环氧树脂喷涂加固施工，因专业分包单位设备操作不熟练，喷涂的压力不匀，部分墙体砖缝内没有达到预期的饱满，所以专业分包的技术水准是加固施工的关键。

3. 墙体斜裂缝的碳纤维加固

用嵌入式钢圈梁改变原楼面木结构单点传力于砖墙，而产生墙体局部承压出现的霹雳破坏裂缝。考虑砖墙的整体性能，对于这些裂缝除了墙面环氧树脂喷涂加固施工外，对墙体裂缝位置进行网格碳纤维加固，其程序如下：

（1）基层环氧树脂喷涂已经固化完成，清扫表面浮尘。

（2）用墨线弹出碳纤维纵横的基准线，幅宽100毫米，间距150毫米。

（3）将厚度1~3毫米专用环氧树脂黏结剂，均匀地涂抹于墙面。

（4）粘贴碳纤维布并用滚筒滚压。

二层北立面1/C轴门窗间500毫米厚的墙体。原被广告牌严重拉裂，只剩1/2约250毫米墙体尚处于受力状态。

业主原定方案将此部分墙体全部拆除，重新砌筑墙体。我方认为受损墙体全部拆除，将产生楼面荷载的临时支撑发生安装时加荷和拆除下载的两次变形过程。为此，我方上报公司总工程师室，请求技术指导与支持。总工程师室的领导到达现场勘察后，做出以下方案：

（1）在门窗洞口处用钢管排架支撑圈过梁，稳定其上部荷载体系。

（2）将未全部受损的室内墙体，用模板作为整体稳定围护加固。

（3）拆除外侧1/2已破坏的不受力墙体。

（4）在拆除处1/2墙体位置，绑扎钢筋浇注砼，填充柱与剩余的砖墙组合为整体。

要求加固砼墙体内横向水平钢筋与砖墙锚固钢筋进行焊接，使原砖墙和替换的砼墙体受力闭合，以保障新旧墙体的整体结合性能。

以上方案被事实证明是安全而有效的，既避免了支撑卸载造成的可能变形，也降低和节约了成本、工期，得到了业主的赞许。

4. 砼梁、柱、板部分湿式外包钢加固

该建筑原主要承重砖柱截面为490×620毫米、620×620毫米，钢筋砼截面为250×250毫米、300×300毫米等，钢筋砼梁截面为300×500毫米、300×520毫米、450×550毫米等。

1993年修缮时，在A~C/1~9轴区域内，采用砼加大柱截面（增加300×600毫米）方法加固砖柱；采用砼增加梁高度（加高200毫米）和用粘钢方法加固砼梁，砼均为C20。

前楼砼阳台的檐口梁等部位，存在不同程度的碳化膨胀现象。膨胀深度达20~30毫米，钢筋暴露部位已呈锈涨、保护层剥落等现象。墙壁边柱已呈裂纹、剥落、砖头松动等现象。

混凝土柱的粘钢加固：

（1）砼柱表面杂污清除干净。

（2）砼柱炭化部分剔除、水泥砂浆抹平。

（3）在处理好的柱角抹上乳胶水泥，厚约5~6毫米。

（4）100×100角钢粘贴上，并用夹具在两个方向将四角角钢夹紧，夹具间距为500毫米。

（5）在胶浆初凝前，扁钢箍与角钢分段交错焊接。

砼梁板采用碳纤维加固：

砼梁板的碳化深度较砼柱结构严重，已远远超过钢筋的保护层厚度。部分梁结构碳化深度达3~5毫米。板部分碳化已呈现整跨连续不断现象，严重部分板筋也呈多处锈涨。

（1）基层1∶2.5水泥砂浆粉刷清除干净。

（2）用墨线弹出碳纤维的基准线，幅宽100毫米，间距为150毫米。

（3）将厚度1~3毫米的专用黏结剂均匀地涂抹于墙面。

（4）粘贴碳纤维布并用滚筒滚压。

楼板：

该建筑A~C/9~17为木搁栅楼板，木搁栅截面75×200毫米，间距为360毫米（搁置在砼梁上）。四层9~16轴为槽钢、木地板（搁置在墙、梁或挂吊在人字形原木屋架上）为夹层，其余部分为现浇砼板（120毫米厚），上铺大理石。

对于现有结构的荷载不合理传递的复杂情况和标高不统一等问题，我们及时与业主、设计师进行协调和沟通，采取了下列措施，合理规划荷载的传递：

（1）为了不再增加或尽量减少该建筑

物的载荷量，对原设计的地面石材、地砖，改为毛地板和地毯。

（2）砖砌体分隔墙改用轻钢龙骨石膏板体系。

（3）四层砼楼面9~16轴线高差220毫米，采用轻质砼垫层找平，只铺木地板或地毯。

（4）三层9~16轴线结构，楼面南北高差240毫米，而且下面是处于营业中的肯德基商铺的吊顶。公司总工程师室建议增加防水卷材，进行隔离封闭，预防工程修缮后物业管理产生纠纷。地坪的高差用木搁栅、毛地板找平后，满铺地毯。

（5）三层1~9轴线原大理石地面，在考虑"尽量少扰动原建筑荷载的平衡"的前提下，不再拆除，上面直接铺地毯。

（6）前楼四层01会议室部位木结构地面、原楼板面已呈腐朽现象。楼面高差230毫米，有四个楼格栅安置在两个窗洞的砖过梁上，墙体和砖过梁产生明显的变形裂缝。本次修缮采取在外墙内侧的四边，沿楼面格栅位置，嵌入20号槽钢，然后用环氧树脂砂浆补强，并与墙连成整体。在槽钢上焊接格栅，铺设基层板和木地板。

屋架：

AC/9~17屋面为小青瓦木屋架。屋架上弦杆截面200×150毫米+200×250毫米（二根上弦杆），下弦杆截面200×150毫米；斜杆截面150×75毫米；垂直立杆为圆钢，截面分别为Φ12毫米、Φ16毫米和Φ25毫米；木檩条截面125×200毫米，沿斜面@900布置；木椽子截面75×50毫米，间距为150毫米。

该楼层部分在1993年修缮时，增设了夹层的办公室，钢、木结构形式（14号槽钢搁栅木地板）采用墙体搁置和屋架悬挂等混乱的受力形式搭建，在本次修缮中将拆除这些部位，并恢复屋架正常受力。其加固方案如下：

（1）解除木屋架上的悬挂物体，基层处理干净。

（2）测量屋架实际数据，推算荷载和安全可靠性。

（3）加固搁置在混合墙柱上的屋架支座和墙体。

（4）增设屋架水平和剪刀支撑，形成屋盖整体稳定体系。

（5）改变吊顶设计为暴露敞开式屋架装饰。

人字形屋面和屋架外形再装饰设计为木饰面，基层为9厘米板+5厘米防火板+3厘木饰面板。考虑到木饰面会增加木屋架的荷载，我们还是经过了求证和验算。

根据测算，梁架部分增加装饰重量为8千克/米，斜屋面部分重量3.8千克/平方米的用材量，和原有拆除量相比，减少了荷载重量50%以上。在屋架外包的装饰板起到加大屋架杆件的截面和节点加固、保护的作用。

四、施工管理体会

1. 原建筑结构受力体系几经改造，已经面目全非。室内设计与建筑实际情况相差很大。没有建筑结构基础的知识和实际深化能力，很难完成如此大量的危房墙、板、梁的加固工程。

2. 工程边设计，边施工，以及受肯德基、豫园、小商品街等周边施工环境的约束，施工方案的合理和公司技术支撑配合，是取得成功的关键。

3. 一个具有历史故事的百年建筑，经过我们的施工修缮，重新发挥了其经济价值，并且在施工中不厌其烦地尽力维护建筑原先的人文符号，也是我们在本工程中突出的管理方式，为参与上海的保护建筑修缮改造施工，留下了有益的实际工作经验。

世博建设大厦改造工程结构柱拔除施工技术

一、概况

世博建设大厦原为上海第三印染厂于1998年新建的新纺大厦，为钢筋混凝土结构，建筑物地上十二层、地下一层，其中裙房为四层，总高度为54米，改造装修后为世博建设指挥中心的办公大楼。

根据室内装饰平面布置方案，裙房四楼部位为会议室及多功能报告厅等空间。其多功能报告厅空间内C、F~10轴线上的三根直径700毫米混凝土柱子，严重遮挡视线，公共空间通畅的效果受到明显影响。在施工技术条件许可的情况下，拆除这三根柱子，可以很好地改善原有室内空间的使用条件。

本次改造工程结构柱拔除（柱D-10、柱E-10、柱1/E-10）计三根。梁板加固施工的具体部位在裙房四层8-11轴和B-F轴范围，叠加钢梁布置在D、E、1/E-9~11轴混凝土梁上部。（见右页上图示）

二、施工条件的分析

1. 为了避免结构加固导致建筑室内空间高度的降低，利用报告厅在裙房顶层的有利条件，将受力代换体系叠合钢梁，布置在四层裙房屋面25米标高位置。

2. 裙房屋面西侧9轴为主楼剪力墙，东侧11轴为框架结构梁柱，节点是D、E、1/E

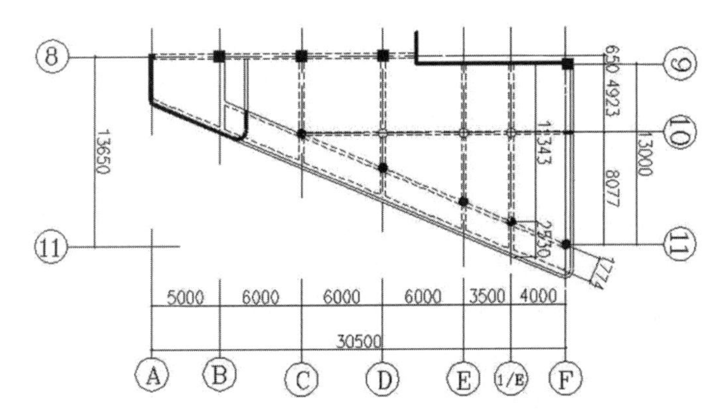

叠合钢梁的固定支座位置。

3. 剪力墙面层构造为50毫米厚的粉刷找平层及10×200毫米瓷砖装饰层，屋面系统分别有100毫米厚的细石混凝土找平层和涂布防水层，墙体、屋面附加层表面有起壳、裂缝等情况。

4. 经对加固范围的混凝土梁、板进行回弹仪检测，其混凝土平均强度等级在C20以上。

三、施工方法

1. 施工流程（见下图）

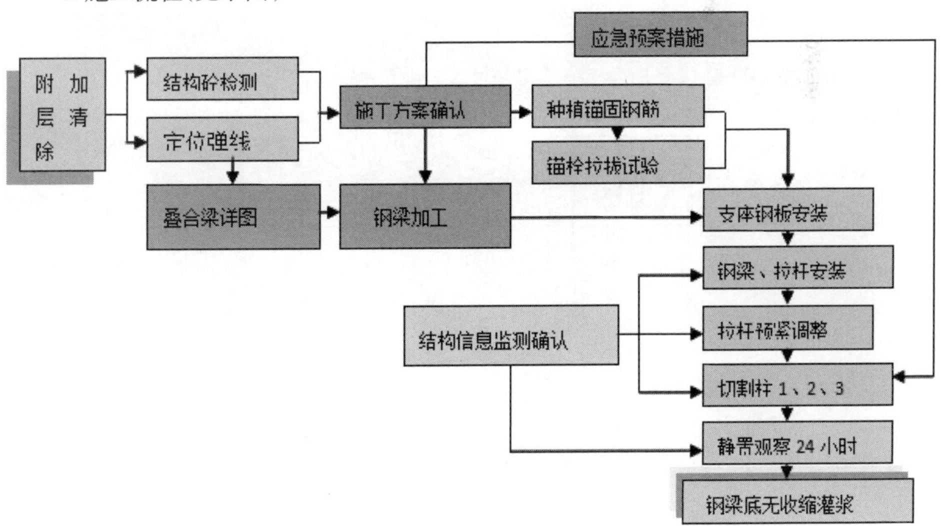

2. 种植锚固螺栓

3. 拆除安装叠合钢梁范围的找平层和装饰附加物至结构混凝土层面，并在 9 轴处找出 D 轴、E 轴、1/E 轴三根混凝土梁和柱的正向投影位置，对结构面进行清理，铲凿冲洗表面灰尘浮浆。

在梁、柱节点位置定位弹线，先在四层梁板顶部两端贴近梁的两侧部位，用电钻打孔，将楼板打穿，形成符合梁截面宽度的定位孔（右图示）。根据两侧的定位孔，弹出梁在宽度方向的两根基准线，目的是消除梁面定位弹线的误差。

4. 对照原建筑图示尺寸，弹出梁、柱的轮廓线和定位轴线。按加固设计图要求及现场的实际情况，进行叠合钢梁支座放线，确定好锚栓打孔位置。

5. 按照锚栓安装规程的要求，对锚栓孔径、深度进行钻孔，钻头应与主体安装面垂直。

6. 用吹气泵对成型孔清除其中的灰尘，孔壁不能留有灰尘。

（1）置入药剂管，将药剂管放入孔内，并推至孔底。

（2）将锚栓通过连接件与电钻连接，用锚栓顶住孔内药剂管，启动电钻（钻速约 750r/

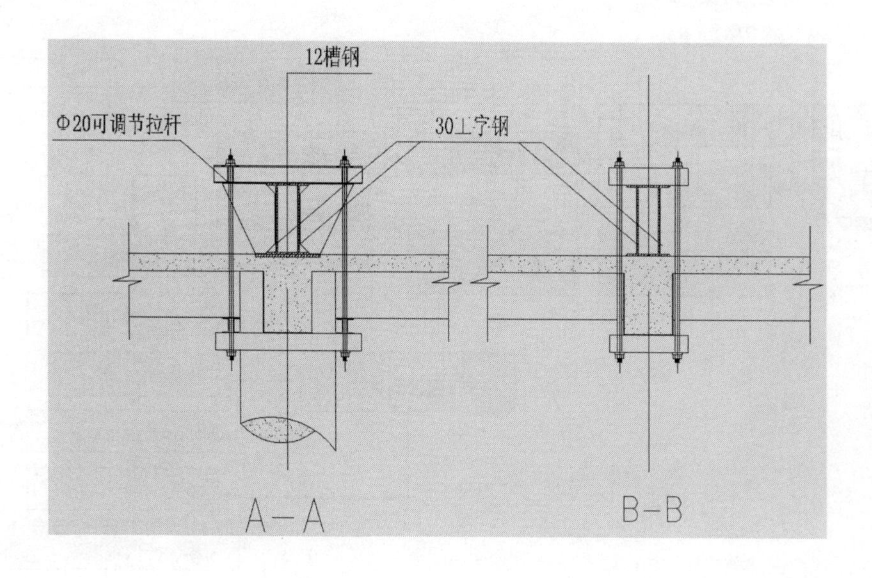

min），锚栓在推入和转动的过程中，将使药剂管破碎并达到安装深度。药剂管内的树脂、固化剂和石英颗粒经锚栓的充分搅拌混合，被填充到锚栓与钻孔壁之间的空隙。

（3）旋入锚栓后，马上复核其安装尺寸并微调，用临时固定工具固定。在凝胶固化的时间内（查产品资料），不得拆卸固定工具，保证锚栓不被触动。

（4）固化时间与安装温度有关，一般安装温度为：－5℃至0℃；0℃至10℃；10℃到20℃；20℃以上。对应的凝固可装角码时间为：5h；1h；30min；20min。潮湿孔洞药剂固化时间加倍。

（5）安装扭紧力矩，参考锚栓最大扭矩技术参数值。随机抽取锚栓进行现场拉拔试验，检验其实际抗拉力。

7. 构件加工和吊装运输

（1）三根钢结构梁安装部位在9轴处相交的D轴、E轴、1/E轴上，结构安装标高17.60米，钢梁的最大跨度12米。

（2）单件钢梁最大重量约2吨，钢结构总量约6吨，全部采用Q235B钢材在工厂焊接加工制作，现场装配安装。

（3）主吊机的选择：单件最大重量不足2吨，吊装高度约19米。考虑采用主臂25米，工作半径18米，起重量为2.7吨的25吨汽车吊一台，将构件逐件吊装到安装楼面。

四、叠合钢反梁和检测设施安装

1. 钢梁安装

（1）钢梁就位前，应检查结构梁、板和钢梁中心的位移，以及跨距和侧向挠度值是否有新变化。

（2）采用门式钢架配合手拉葫芦，将钢梁吊装就位，经校正后初步拧紧螺栓。

2. 信息监测设置

（1）依据结构梁、柱荷载代换应变信息监测方案，要求布置振弦式应变计。应变计按主应力方向布置，采用安特固（3吨型）速干环氧胶，黏结在混凝土梁的下端和上部叠合钢梁的翼缘等相应位置。

（2）核查应变计安装无误后，连接相关通信电缆至监控电脑，监测信息数据同步记录开始，结构和钢梁锚栓根据工字梁的内应力信息变化，逐个拧紧调整至结构内力模型预定值。

五、结构柱拆除的设备选择和应用

1. 切割设备选择

依据切割大截面混凝土柱的特点，选择瑞士HILTI（喜利得）液压绳锯切割WH-10机。该设备为全自动线控，噪声小，无振动，是目前国内最先进的钢筋混凝土切割用机。

2. 切割机具的安装

（1）将液压绳锯切割机用螺栓连接件安装固定在柱上，第一锯切割位置定位在主梁以下100位置，根据切割定位线校正金刚链的平行位置，液压机和控制机可以在远距离摆放进行控制作业。

（2）配套冷却水源，当绳锯金刚链转

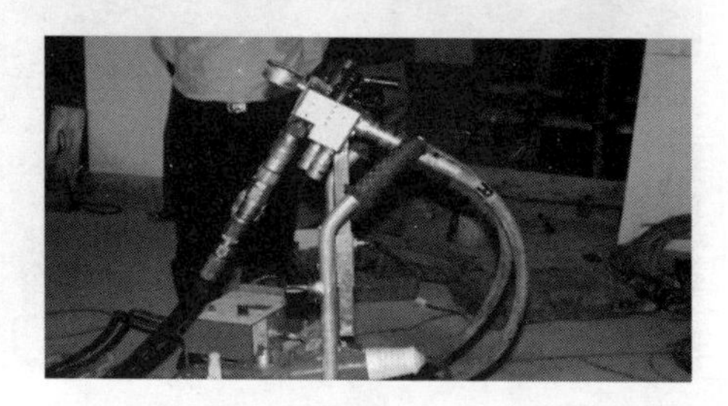

动时，钢筋混凝土在被逐渐磨蚀、切断过程中产生热量，所以在切割阶段，需要不间断地向切割缝隙处注水，以达到对金刚链的降温作用。

六、切割施工

1. 切割程序

（1）屋面钢梁加固已经全部完成，在对混凝土梁、板的应力变化情况实时监测信息中，取得原始数据，并已经设置信息临界报警数据。

（2）根据应急预案，各种支撑系统和指挥人员的准备工作已经就绪。

（3）按照每一根混凝土柱的序号，在梁下柱顶100处逐根切割施工。每根柱与结构体脱离后，应及时观察应变仪的监视数据信息，了解结构荷载内力发展趋势；

在静养两小时后，如应变无异常可继续操作下一根柱子，直至全部柱子上端与结构体完全分离。

2. 柱子分段解体

（1）在结构梁柱荷载转换成功后，可以对混凝土柱进行分段切割解体。每块柱体的厚度控制在300毫米，重量控制在50千克左右，以方便垂直和平面运输。

（2）在柱子附近结构梁上和每段切割的混凝土块上，安装吊耳和手拉葫芦，以配合分段切割的混凝土块平移和下降。

七、受力柱拆除过程的管理

1. 环境控制

（1）在四层裙房屋面钢梁加固区和室内切割作业范围内设置警戒线。在柱子拆除过程中减少无关人员进入施工作业区。

（2）作业范围内增加施工照明设备和施工排水设施，保障柱子拔除施工阶段的文明施工要求。

（3）为了保证信息监测的可靠性，结构柱代换施工过程中，大楼内不安排有明显震动的其他施工作业。

2. 施工程序控制

（1）屋面钢梁加固已全部完成，信息化监测预警初步数据和方案模型数据已经相吻。

（2）混凝土柱切割顺序从主梁跨度

较短的 10–D 轴开始，再逐步拆除 10–E 轴和 10–1/E 轴的立柱。

3. **结构内力渐变预警控制**

（1）预设结构变形安全监控为设计值 2.5 毫米，混凝土梁应力累积增量报警值为 5 米 pa，超过这两个控制预警数据，监控设施将产生光电警报。

（2）利用信息化检测设备，结合改造项目特殊过程管理，和加强业主、监理单位沟通与配合，控制工程灾变的发生。

八、结论

上海 2010 年世博规划中明确提出了建造和谐之城，将一些历史建筑和能够再利用的建筑，通过传统与技术的融合来体现和谐世博的建设理念。世博建设大厦作为世博规划园区内改造再利用的第一楼，在项目管理上注重技术资源的优化整合，充分应用新型机具和科学检测等设备、技术优势，发挥装饰公司在技术策划和科技含量方面的能动效率，结合项目管理特殊过程的技术需求，产生了 1 + 1 > 2 的管理效应，为今后世博改造工程和其他改造工程技术开发和研究，积累了成功的经验。

※ 拔柱前后的效果

世博建设大厦建筑改造研究

一、前言

世博建设大厦从改造时间、区域位置、建筑功能要求、施工科技含量等特点，我们将这一大楼的改建设计和施工启动，解读为经典案例的“世博第一楼”。这不仅牵涉到决策认识和功能设计的转变，更需要科技能力和施工技术的有力保障。

二、世博建设大厦改建和装饰设计

本案为一个综合性的改建项目，其主要定位为上海2010年世博会指挥中心，兼具展示、办公、会议等功能，涵盖建筑外立面改造、室外总体、设备更新、室内装饰、结构改造等多项设计内容。对于这样一个系统性很强的大型项目，用现代的表现手法缔造和谐的

视觉美感，梳理和重塑空间形态的层次，以使用功能的需求为基础，是改建设计的主要工作。在风格体现方面注重现实，着眼未来，反对过度。外立面改造设计以低调、朴素的理念为主，保持20世纪90年代后期的工业厂房特征。而其室内改造用精制的设计语汇，凸显现代办公楼环境特质，与世博建设精神、建筑景观、人文情感有机融合是改建和装饰设计的总体思想。

三、世博建设大厦改造功能的需求

在建筑的改造中，为满足新的使用功能需求，对建筑室内外空间的高度和宽度进行调整，成为改造方案设计过程中的重要技术环节。世博建设大厦在改造设计策划中，其功能布局需求和改造方式列表如下：

序	功能布局需求	原建筑表现形态	结构改造要求	改造技术方式
1	屋顶花园和瞭望台的设置	原电梯机房顶54米标高处	扩大原机房面积和高度	增加钢结构梁、柱体系
2	瞭望台专用电梯的布置	原10~12层电梯厅位置	增设1800×2700电梯井道	改造电梯厅结构的梁板受力体系
3	设备机组的位置规划	主楼屋面层6米柱距	设备基础荷载传递	设置钢结构梁板架空层
4	档案室的布置和规划	主楼五层6米柱距	档案箱导轨和楼板荷载受力支承	加设钢梁传递轨道荷载
5	厨房、餐厅的布局	6米跨标准厂房柱距	地坪排水沟渠的设置和排气管道	轻质材料地坪和环保型独立排气
6	报告厅平面与空间布局	裙房四层（三角形态）6米跨柱距	连续拔除3根直径700混凝土柱	梁柱结构体系荷载转换
7	大堂的规划	不规则三角形态	无特殊要求	采用装饰手段整合不规则区域
8	外墙改造	50×100小面砖墙单片玻璃铝合金窗	换成节能型外窗幕墙和环保涂料	减少对外墙破坏保留面砖基层
9	室外总体工程	小区域独立封闭	系统沟管综合布置、广场、绿化	共同沟设置、排水设施改造

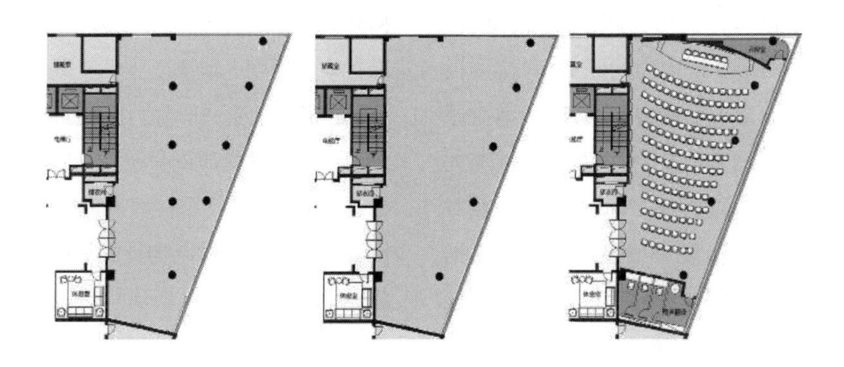

旧建筑改造不同于新建之处，就在于改造的方法和手段既受功能要求的约束，也受功能设计和装饰效果的约束，结构的安全性能、施工方式、施工工期等诸多的难点必须综合考虑。本工程在结构改造上技术难度最大的是在原有裙房四层新增报告厅，涉及原有平面空间内三根直径700厘米、高4000厘米的受力柱的拆除和加固等多项结构的改动。报告厅受力柱拆除后的主梁最大跨度为12.9米，次梁连续跨度达19.5米，室内可以形成一个开阔的视觉空间，可容纳140人与会和三个同声翻译的功能设置。

四、结构荷载传递转换方式和可行性分析

室内装饰平面将报告厅布置在裙房四层是充分考虑了建筑结构的有利条件，四层以上是裙房屋盖体系，其荷载传递途径、节点性质和边界条件比较清晰，可以用多种“托梁换柱”方式进行改造和加固。根据简约节约、室内净空、施工方式、工期控制，以及符合现有抗震规范和安全等方面原则进行分析对比如下：

1. **置换屋盖新造法**(拆除位于屋盖混凝土梁柱，建造新屋盖梁受力体系)：该方法施工工艺成熟、适用性强风险小，并具有现成的设计和施工经验；但现场施工拆除阶段将产生几百吨建筑垃圾，危险性大、施工周期长，对工期和周边环境有很大的影响，在价值经济比较上也不尽合理。

2. **预应力替换加固法**(预应力替换被拆除混凝土柱的承载力)：用预应力加固法实现托梁换柱，达到加固、卸荷、结构内力转换的三位一体效果。特点是通过预应力手段强迫原混凝土柱位置的垂直荷载由预应力构架承载，受力界面清晰。不足之处是预应力施工难度大，工序复杂；

而预应力结构单向座力幅度较大,梁、板构件容易出现反向应力的趋势,对抗震极为不利。如果采用此方案,必须考虑对原混凝土梁的两端支座和梁跨中进行加大截面处理;经过这种加大截面处理后相对建筑室内净空高度有明显的减小。根据报告厅的功能要求,装饰空间要求通透、高敞。根据经验如果采用预应力加固将使原有梁底标高降低 250~300 厘米,必然影响通风、消防管道安装和装饰空间的高度,因此,预应力加固方案不适合本工程。

3. **粘钢结构替换加固法**(即原梁、柱区域增加钢门架结构,替代结构柱的承载力):

粘钢加固法是通过胶结剂的高强度黏结性能实现钢板与结构构件的整体叠合受力达到加固的目的。该法施工快速、现场无湿作业或仅有抹灰等少量湿作业,对施工生产影响比较小,且加固后对原结构外观和原有净空无明显影响,但加固效果在很大程度上取决于胶粘工艺与操作水平;适用于承受一般静力作用且处于正常湿度环境中的受弯或受拉构件的加固。根据经验,本工程仅靠在底部和二侧粘钢加固无法完全替代原结构柱的承载力的变形问题,更无法估算长期延续使用周期的可靠保证,这不是最理想的加固方案。

4. **钢反梁结构加固法**。

利用工程屋面自由空间的特点,在需要代换的梁、柱结构顶部增加钢反梁,通过钻孔植筋或横担抱箍的形式使原结构混凝土梁和新增加的钢梁均衡叠加,结合无收缩灌浆料使新老构件共同受力,达到先加固后拔柱以减少结构二次变形的目的。钢反梁结构胶锚加固法具有施工时间短、费用低、对周边环境和室内空间影响小、可以保持室内装饰空间高度和正常施工等优点。故本工程采用钢反梁结构

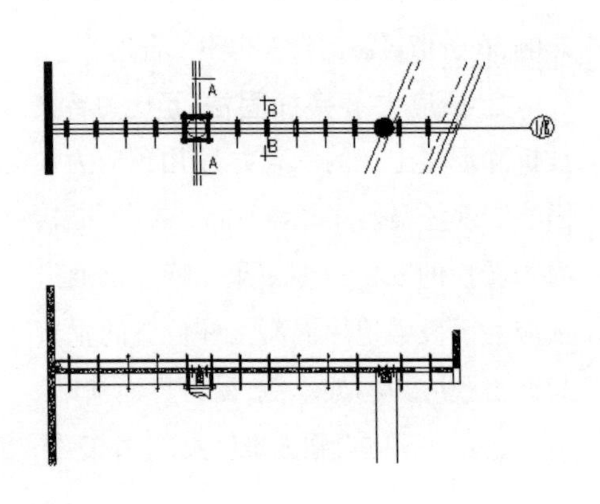

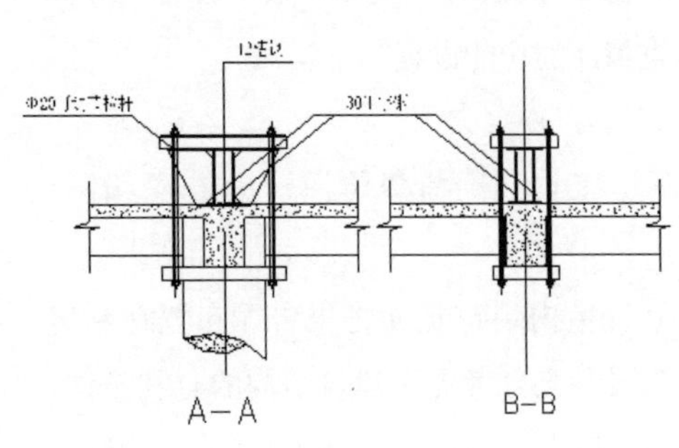

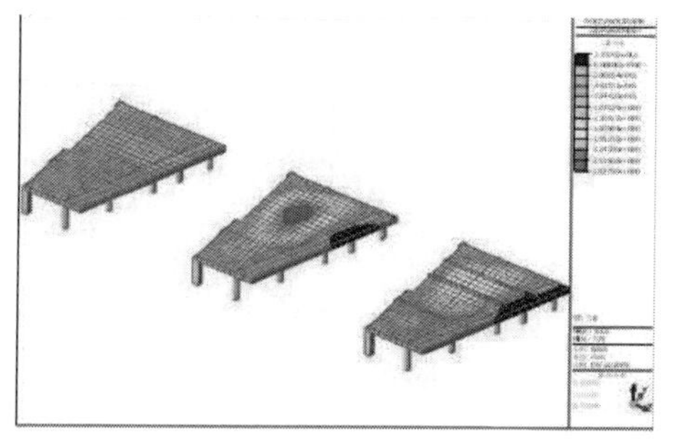

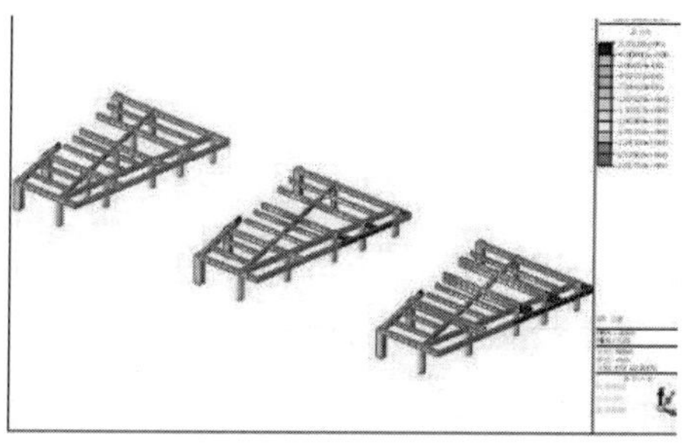

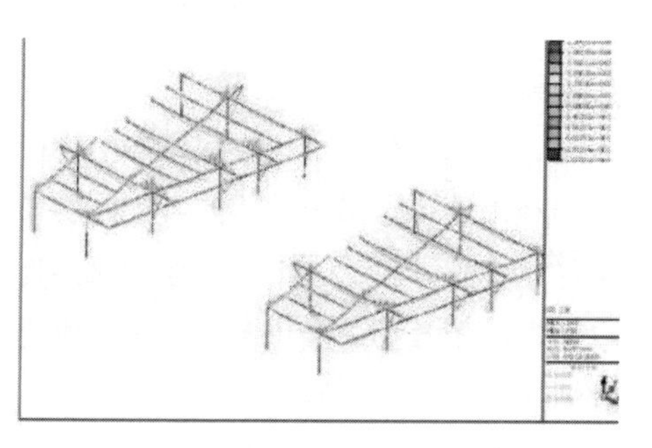

胶锚加固法进行施工。

五、报告厅结构模型的建立、结构变形计算和施工过程信息监测

结构受力体系的转换和加固计算过程中，建立适合的结构力学模型和选择合适的计算软件是保障方案实施预前控制的必要条件。本工程的反梁加固原理是将原混凝土屋盖自重作用于梁、柱的垂直荷载转化为多个均布荷载，通过植筋或横担抱箍方式将结构混凝土梁与增加的工字钢梁叠合，由钢梁与原结构梁、板共同作用替代A截面混凝土柱的受力。

在确定加固方式和结构工况条件后，利用土木结构专用有限元软件（MIDAS/gen）计算结构和改造前后相应梁、板、柱构件变形及应力的模拟变化情况。

1. 楼板竖向位移等值线图分析。

左图原结构未经改造的正常工况状态；中间图是混凝土柱已经拆除但未经加固，楼板出现区域集中突变的工况；右图是经过钢梁叠合后楼板突变情况被消除的工作状态。

2. 结构梁的竖。

上图是未经改造的原结构工况状态；中图是柱已经拆除未经加固，结构梁产生变形的工况；下图是经过加固，钢梁与原结构梁叠合后变形消除的工作状态。

3. 梁、柱弯矩图分析。

从拆柱前后的弯矩变化看，变化最大的区域同样在右数 2~3 根中间柱子（E，1/E）之间，与梁、板变形变化最大的区域相一致，因此，这里是设置应变监测的重点区域。

4. 钢梁加固方案计算简图。

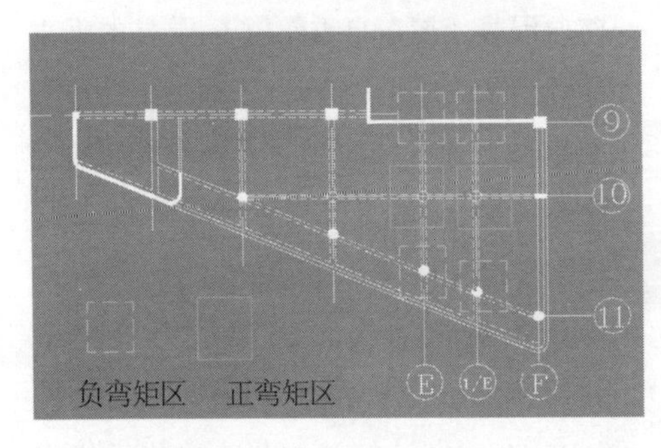

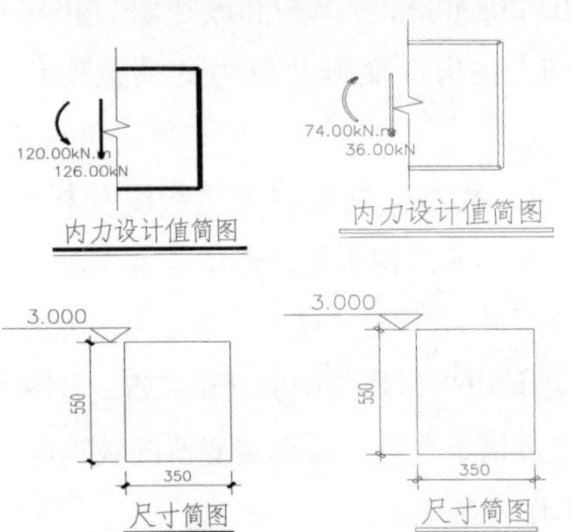

5. 计算要求。

（1）正截面受弯承载力计算。

（2）斜截面受剪承载力计算。

（3）受扭承载力计算。

（4）裂缝宽度计算。

6. 改造施工阶段的结构变形信息化监测。

在施工过程采用信息化监控结构设计的理论计算是结构改造方案实施的安全保证。根据工程特点，施工阶段采用信息监测电子数据采集仪和表面弦式应变计做现场原位应变监测。

测点的设置按照结构力学结合模型理论上应变较大的区域布置。应变计按主应力方向布置在梁的下端，4 楼屋顶的结构梁上布置 6 个测点，A 点所在区域附近的工字钢上，上下翼缘各设置 1 个应变测点，各测点以监测加固前后结构混凝土梁、板和叠合工字钢梁的应力变化，布点如图所示。

信息监测电子数据采集仪具有同时

测量多个通道的功能，而且能够根据需要设定采集频率和存储数据，数据采集仪具有通用接口与电脑相连，可以同步将数据转移到电脑内进行运算处理。监测过程中如果建筑结构发生异变时计算机会发出预警报告。

六、总结

根据“城市多元化的融合、城市经济的繁荣、城市科技的创新、和谐城市社区的重塑以及城市和乡村的互动”世博精神，如何在尊重现行建筑法规、功能要求的情况下，满足世博园区范围旧建筑改造工程在功能性、安全性和美观性等各项要求，是建筑装饰企业在设计、施工技术方面的重要研究课题。让这些历史建筑在保护、利用和空间改造中能够获得新生、提升价值是符合建设节约型社会、实现科技创新精神的一个有效的途径。

世博建设大厦以装饰企业为设计、施工一体化的总包管理模式，“始于设计方案阶段精心策划，终于紧密配合的结构改造信息化监测措施的科学施工方法”，对世博园区内其他旧建筑的改造起到了一定的示范和先导的作用，具有总结和推广的现实意义。

世博大厦结构改造信息化监测方法研究

一、概况

世博建设大厦改造中，为了扩展四层报告厅的室内空间，需要连续拆除三根直径700毫米、高4000毫米的混凝土受力柱。（下图）

如何对主体加固、受力柱拆除、荷载转换过程中的梁、板的挠度增量变化，以及对加固改造后的结构安全性能进行正确监控评估，成为改造的重要技术保证要点。

根据本工程特点，我们采用了曾在卢浦大桥和国家大剧院等重大工程中使用的“精密弦式应变数据采集仪”和“高精度水准仪”两套测量方案，实现结构混凝土柱拔除原位信息监控，达到对改造结构梁、板的挠度、应力变化数据由计算机同步分析和实时评价，对结构改造加固措施的有效性、安全性，起到了预警和评估的作用。

二、建筑结构受力模型分析

为了策划合理布置挠度变形测量点位及应力测试点位的方案，利用有限元软件（MIDAS/Gen），建立原结构和改造加固后结构的有限元模型，分析结构施工前后相应构件变形及应力的变化情况，找出构件受力薄弱监控点，布置测量测试点，进行结构安全跟踪。

根据原结构设计图纸和改造加固后的结构有限元，我们建立了尺寸 1∶1 的计算模型；利用结构计算分析有限元软件 MIDAS 系列软件中 GEN，完成梁和板两种性质单元的各项计算，其模型参数如下：

名称	节点（个）	梁单元（个）	板单元（个）	边界条件	荷载类型自重+活载	单元材料	单元截面
数量 / 形式	1035	504	926	1 种(全固结压束形式)	200kg/m^2	砼 / 钢	对应图纸

结果数据是在结构自重作用效果下考虑。活荷载(200 千克 / 平方米)只用于今后结构使用过程中，结构主次梁挠度变形预测中采纳。

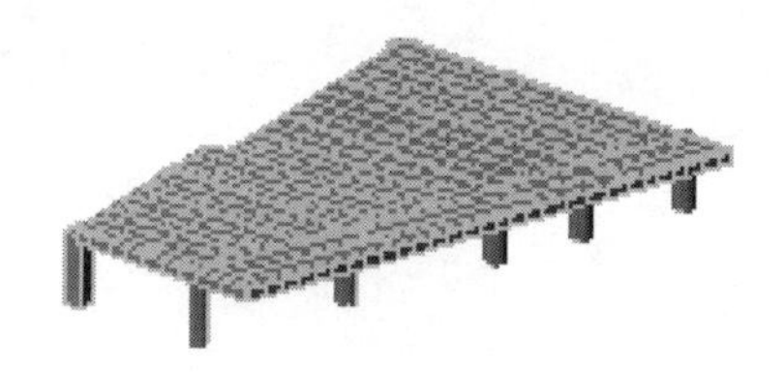

※ 原结构计算有限元模型

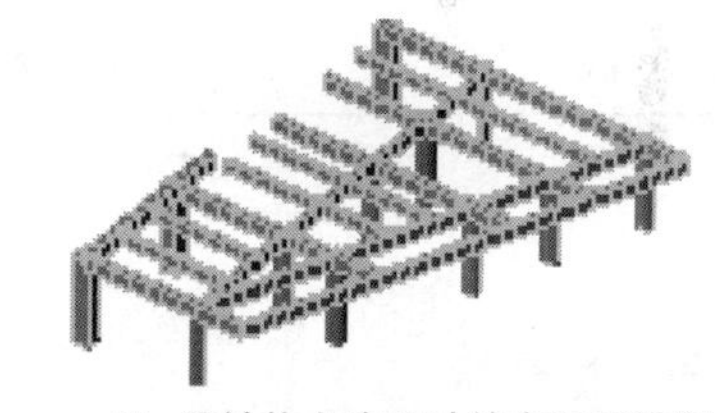

※ 原结构主次梁计算有限元模型

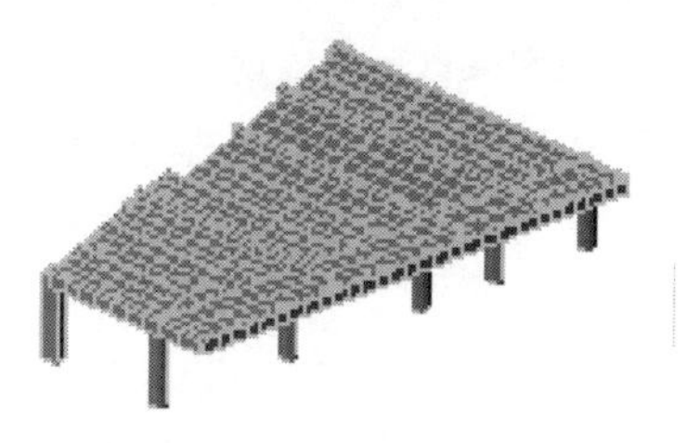

※ 改造加固后结构计算有限元模型

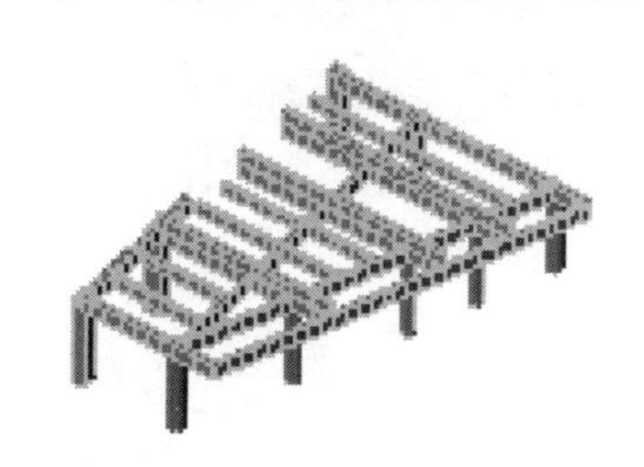

※ 改造加固后结构主次梁计算有限元模型

通过线弹性分析,可得出如下结构在改造加固后,构件内力的变化情况。

1. 原有结构的内力数据

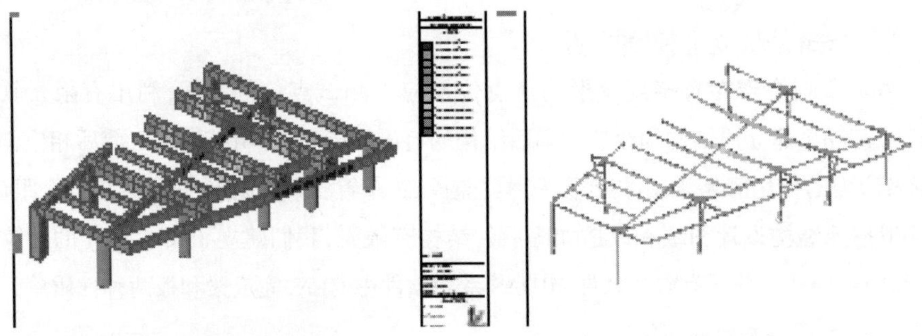

※ 结构主次梁位移等值线图(单位: mm) ※ 结构主次梁弯矩内力图(单位: N*mm)

2. 拆柱、加固改造后的内力模拟数据

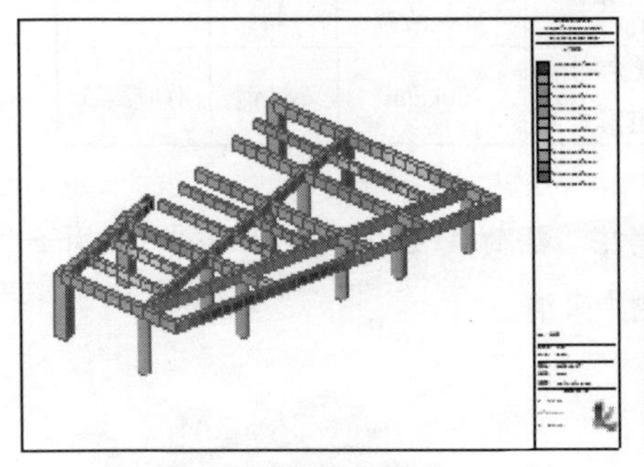

※ 结构主次梁位移等值线图(单位: mm)

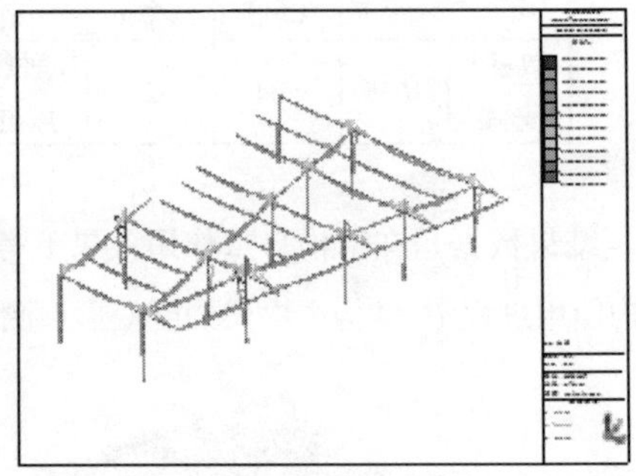

※※※ 结构主次梁弯矩内力图(单位: N*mm)

3. 结果数据分析

从以上结果分析可以得出如下结论: 结构受力体系发生了变化,由平面体系转变成空间体系; 无论是原结构还是改造加固后的结构,主次梁弯矩均出现在其立柱和剪力墙的连接位置; 结构在改造加固立柱割除前后,位移最大变形位置转移,理论计算最大竖向位置变形为 1.918 毫米。

1. 弦式应变数据采集仪选用

本工程选用的振弦式应变计和弦式应变数据采集仪，其设备抗干扰能力强，稳定性好，感应精确度高，同步监测预警信息分级明确，曾在多个重要结构荷载合成过程中得到成功的应用，符合施工现场复杂环境测试的要求。

振弦式应变计按主应力方向布置，采用安特固（3吨型）速干环氧胶黏结在混凝土梁的下端（右上图示）和上部叠合钢梁的翼缘（右中图示）等相应位置。

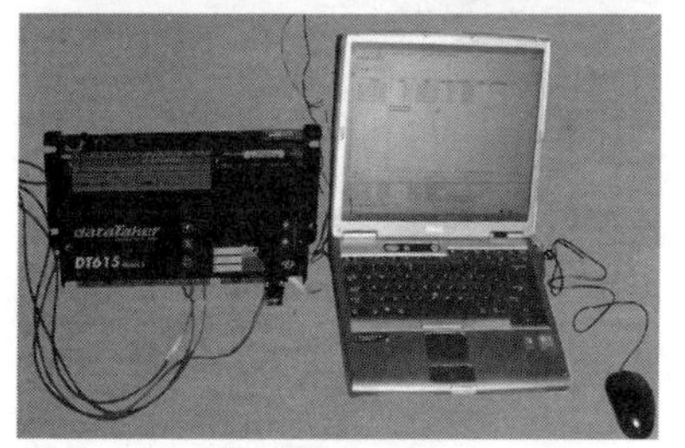

数据采集仪具有同时测量多个通道的功能，而且能够根据需要设定采集频率，并可存储数据。数据采集仪的通用接口，能够与电脑相连，将数据传输到电脑内，以便进一步处理。（下图示）

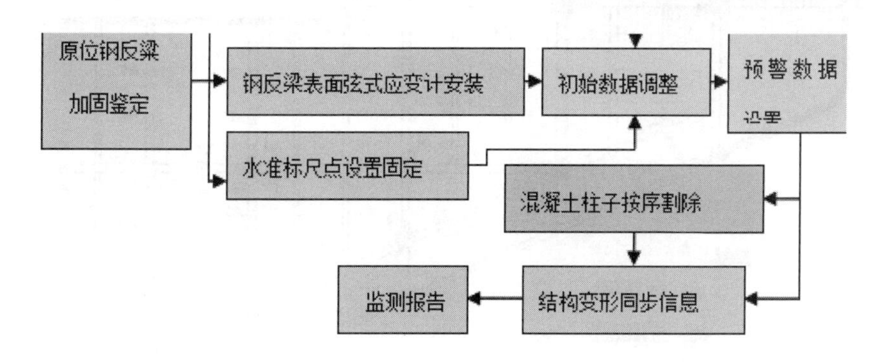

※ 数据采集仪流转示意图

2. 原位变形测量的工作流程

根据内力模型结构主次梁位移等值线图,判断发生的变化主要是原有主次梁在柱子处的负弯矩区变成正弯矩区,是产生最大位移的区域,需要加强关注的重要部位。本次的原位试验目标是监测和测量柱子割除前后相应梁的挠度变化,以及附近关键部位的应力变化。所以,以拆除三根柱子前后的变形和梁板的竖向挠度为控制量,应力变化以梁的弯矩反向变化区为重点控制区域。

应变测点布置在下图所示区域:

本次测量测试方案:在四楼屋顶下的混凝土梁上布置6个应变测点和8个竖向挠度变形测点。

另外,在结构处理时所附加的屋顶上面,A点所在区域附近的工字钢上,上下翼缘各设置一个应变测点,以监测加固前后工字钢的应力变化。记录数据由采集仪器自动存储和同步下载到电脑中,获得最原始的数据(频率数据),经过专用软件进行数据换算,得出结构内力变化情况。

3. 监测预警方法

在切割柱子过程中,对混凝土梁的应

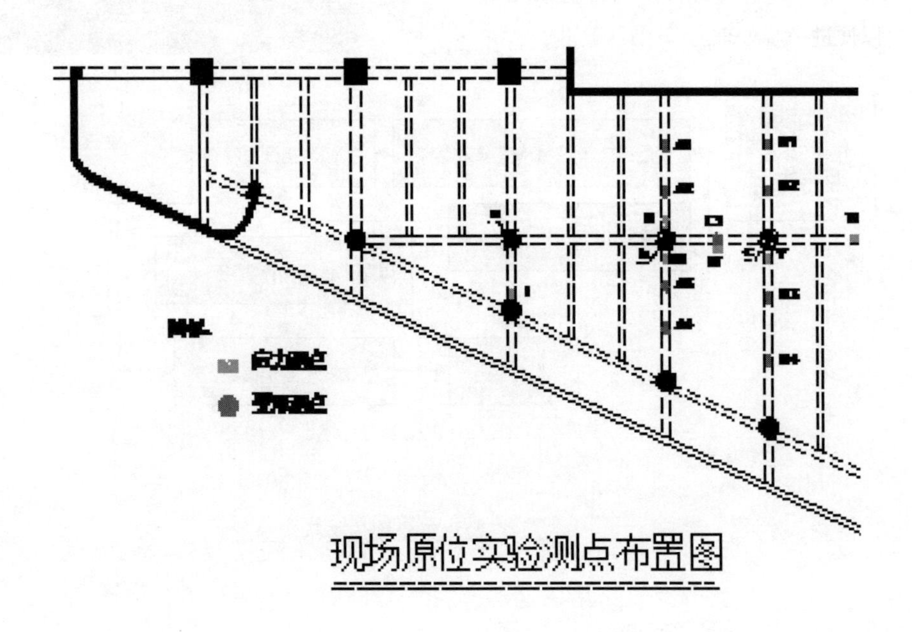

现场原位实验测点布置图

力变化情况进行实时监测。监测数据与结构主次梁位移等值线图自动对比，如果累积增量达到 5Mpa，将自动进行报警，停止现场施工作业，按预定应急方案，采取有效措施保证结构的安全性。

4. 原位测量测试及结果数据

（1）测试数据的分析

梁应力变化值表（单位：Mpa）：

点位	Ⅰ	Ⅳ	Ⅴ	Ⅵ	钢梁
微应变	-32.46	42.84	56.73	-70.45	75.22
应力（Mpa）	-1.05	1.39	1.84	-2.29	15.49

注意：测点Ⅱ、Ⅲ出于施工过程中的保护需要，数据漂移较大，超出误差范围导致记录错误数据，故在数据分析过程中舍弃。

（2）水准仪变形测量数据

测量后视基准点，布置在靠近窗户的剪力墙之上，并做好相应的标记。混凝土梁上挠度变形点做好明显标记，用红色喷漆进行涂刷，喷射“测量点”字样标记。

在每一个测绘过程中，水准仪摆放位置应该尽量固定，以减少多次后视点读数引起的误差。水准仪读数时，严格按照“双读数”的原则，即一次读数结束后，把水准仪旋转 360 度，进行二次读数；同时，测量读数过程中，应多次通过读后视点标高的方式，保证同一测回水准仪的标高保持不变。

变形数据测量成果表（单位：毫米）：

初始数据（柱子割除前）			最终数据（柱子割除后）		梁最终挠度变形值
点位	后视点读数	前视点读数	后视点读数	前视点读数	变形值
A1	-46.0	1751.1	17.5	/	/
A2	-46.0	1745.0	17.5	1680.5	1.0
A3	-46.0	1760.0	17.5	1695.3	1.2
A4	-46.0	1754.5	17.5	/	/
B1	-46.0	1731.0	17.5	1667.0	0.5
B2	-46.0	1757.6	17.5	1693.5	0.6
B3	-46.0	1749.1	17.5	1684.5	1.1
B4	-46.0	1751.0	17.5	1686.8	0.7
C1	-46.0	1743.9	17.5	1678.5	1.9
备注	1. 数据单位：mm 2. “后视点读数”为水准仪定位相对标高；“前视点读数”为测点相对标高 3. “点位”位置详见图“现场原位实验测点布置图” 4. “变形值”为立柱全部割除后相应测点的梁挠度增加值 5. 标有“/”的数据未能给出是由于通风管道障碍无法测量。				

1. 通过上述表格数据可以得知，钢梁应力增加15.49Mpa，并且为拉应力；混凝土梁测点Ⅵ应力变化最大，增加-2.29Mpa。其他测点应力增加值均在1.05Mpa~1.84Mpa之间。上述均在允许的设计强度范围内，且应力增长趋势与理论分析完全相符合，可以作为改造加固评估的实测数据依据。

2. 立柱割除前后水平仪测试的结果，梁上测点发生最大挠度位移1.9毫米，位于测点C1上。最小挠度位移发生在B1点上，量值为0.5毫米。改造加固后的结构最大竖向位置变形为1.918毫米，变形符合设计要求的安全值。

3. 结构受力体系发生了变化，由平面体系转变成空间体系。

4. 无论是原结构还是改造加固后的结构，主次梁弯矩均出现在其和立柱及剪力墙的固定连接位置。

5. 根据计算分析，改造加固区最大竖向变形报警值为4毫米，混凝土梁应力累积增量报警值为5Mpa，故监测数据小于报警值。

6. 质量评估：达到了改造加固、增大室内视觉空间的要求，同时结构处于安全的使用状态。

在旧建筑改造中，引入信息化监控设备和技术对结构改造的拆除或加固进行检测、预警、评估，是一种新方法和新技术，在世博建设大厦工程中，对智能化信息监控技术的应用和研究体现了三个特征。

1. 结构工作状态的预警。通过结构上布置的有限传感器，了解整个结构的实时工作状态，并实现自动报警。

2. 结构变形的自动记录。通过结构上布置的有限传感器，自动诊断出结构可能损伤的发生位置和变形程度。

3. 结构实时安全的评定：它能依据结构的实时工作状态和结构的变形情况，实现对结构实时安全的评价。

在倡导建设节约型社会的当下，城市建设旧房利用改造工程也会越来越多。对于此类复杂多变的改造工程，应紧紧抓住科学技术服务于工程建设经济和安全的稳步发展，深入开展现代化城市工程建设安全与防灾科学的基础研究与技术应用，使工程建设逐步整合发展以现代信息技术、现代控制技术、现代高新技术装备，为城市建设工程安全完善应急反应关键技术，科学合理地提高城市生命线工程基础设施抵御各种工程灾变的能力，从而保证城市建设在突发性事故及工程灾害中的快速反应能力与抵御能力。

图书在版编目（CIP）数据

重塑经典：历史建筑保护的实践案例与文化记忆 / 侯建设著 . --
上海：文汇出版社，2019.6（2023.1重印）

ISBN 978－7－5496－2091－3

Ⅰ . ①重… Ⅱ . ①侯… Ⅲ . ①古建筑－保护－研究－中国
Ⅳ . ① TU－87

中国版本图书馆 CIP 数据核字 (2019) 第 095956 号

重塑经典

—— 历史建筑保护的实践案例与文化记忆

作　　者 / 侯建设
责任编辑 / 乐渭琦
特约编辑 / 张晓栋
装帧设计 / 六　如
技术编辑 / 周卫民

出 版 人 / 周伯军

出版发行 / 文匯出版社
　　　　　上海市威海路755号（邮政编码200041）
经　　销 / 全国新华书店
印刷装订 / 四川森林印务有限责任公司
版　　次 / 2019年6月第1版
印　　次 / 2023年1月第2次印刷
开　　本 / 720×1000　1/16
字　　数 / 200千字
印　　张 / 16.75

书　　号 / ISBN 978－7－5496－2091－3
定　　价 / 86.00元